高等学校数智人才培养
AI 通 识 精 品 系 列

U0734128

AIGC应用通识教程

微课版

赵晓东 马文静 孙瑞◎主编

曾庆珠 张岩 于琦龙 张重阳◎副主编

杨玉坤◎主审

人民邮电出版社

北 京

图书在版编目（CIP）数据

AIGC 应用通识教程：微课版 / 赵晓东，马文静，孙
瑞主编. -- 北京：人民邮电出版社，2025. --（高等学
校数智人才培养 AI 通识精品系列）. -- ISBN 978-7-115
-66661-1

Ⅰ．TP18

中国国家版本馆 CIP 数据核字第 202545JQ89 号

内 容 提 要

本书随着人工智能技术的迅速发展，AIGC（人工智能生成内容）的出现为内容创作领域带来颠覆性改变和无限可能。本书全面介绍 AIGC 的理论框架，深入探讨其实践应用及未来发展，通过一系列富有创意的实践案例，生动展现 AIGC 在多个领域的广泛应用与深远影响，涵盖 AIGC 在文案创作、图像设计、高效办公、音频创作、视频创作、程序设计等方面的辅助应用，以及 AIGC 在助力个人学习与成长、丰富个人生活等多元化场景的应用。通过本书的学习，读者将深入理解 AIGC 的核心价值，熟练掌握其应用方法，从而在各自的领域发挥 AIGC 的创新推动作用。

本书内容新颖、案例生动，既可作为人工智能通识教育课程的教学参考书，也适合各行各业的从业者以及技术爱好者学习和参考。

◆ 主　　编　赵晓东　马文静　孙　瑞
　　副 主 编　曾庆珠　张　岩　于琦龙　张重阳
　　主　　审　杨玉坤
　　责任编辑　刘　博
　　责任印制　胡　南

◆ 人民邮电出版社出版发行　　北京市丰台区成寿寺路 11 号
　　邮编　100164　电子邮件　315@ptpress.com.cn
　　网址　https://www.ptpress.com.cn
　　山东华立印务有限公司印刷

◆ 开本：787×1092　1/16
　　印张：11.75　　　　　　　　　　2025 年 8 月第 1 版
　　字数：306 千字　　　　　　　　2025 年 9 月山东第 2 次印刷

定价：49.80 元

读者服务热线：(010)81055256　印装质量热线：(010)81055316
反盗版热线：(010)81055315

前　　言

党的二十大报告指出，深入实施科教兴国战略、人才强国战略、创新驱动发展战略，开辟发展新领域新赛道，不断塑造发展新动能新优势。而人工智能（Artificial Intelligence，AI）作为新一代信息技术的代表，深刻地改变了人们的生产方式和生活方式。

人工智能，作为新产业革命的核心驱动力，正在以前所未有的力量推动变革，重塑经济活动的每一个环节，不断催生新兴的技术、产品、产业形态以及商业模式。在这一浪潮中，AIGC（Artificial Intelligence Generative Content，人工智能生成内容）崭露头角，它通过人工智能技术自动创作文本、图像、音频、视频等多种形式的内容，极大地提升了内容生产的效率。

从短期来看，AIGC作为一种革新性生产工具，正迅速改变着内容创作的面貌，使内容创作变得更加高效与便捷。从中期来看，AIGC有望深刻调整生产关系，有利于培养创新思维与加强跨领域协作。而从长远视角审视，AIGC可能引领社会生产力实现质的飞跃，开启一个全新的时代。

基于以上原因，编者在深入调研和分析AIGC发展现状、趋势及应用前景的基础上编写了本书。本书全面而深入地探讨AIGC的基础理论与广泛的实践应用，内容层次分明、条理清晰、图文并茂，旨在通过通俗易懂的方式引领读者进入AIGC的世界。全书共10章，第1章介绍人工智能与AIGC的基本概念，帮助读者为后续学习奠定坚实基础；第2章至第9章分别介绍AIGC在多领域的具体应用；第10章分析AIGC的发展趋势，并探讨其面临的挑战等。

一、本书特色

本书在以下3个方面进行了精心设计与编排。

1．案例丰富，实操性强

本书内容丰富，案例翔实，强调理论与实践的深度融合，旨在通过一系列精心策划的案例，为读者搭建起理论知识与实际操作技能之间的桥梁。其突出特点概述如下。

- 覆盖领域广泛：案例选取全面，覆盖AIGC在文案创作、图像设计、高效办公、音频创作、视频创作、程序设计、助力个人学习与成长以及丰富个人生活等方面的应用，全方位、多角度地展示AIGC的广泛影响与深远价值。
- 目标导向明确：每个案例均设定清晰、具体的学习目标，这种目标驱动的教学方式，有助于学生明确学习方向，集中精力于关键知识点，从而更高效地达到学习目标。
- 理论与实际相结合：本书内容不仅包括AIGC的理论介绍，还提供实践操作，将理论知识巧妙融入实际操作中，使读者在掌握理论框架的同时，能够通过实践加深理解，真正做到学以致用，促进知识向能力的转化。

2. 栏目丰富，形式多样

本书在栏目设计上注重培养学生的综合能力。例如，在正文讲解、操作步骤及其他各处加入了以下栏目。

- 知识链接：旨在补充介绍与当前内容紧密相关的其他知识点，有效拓展学生的知识面。
- 多学一招：旨在补充与正文操作技巧相关的额外技能或方法，让学生在掌握基础操作的同时，能够进一步掌握更多实用技巧，提升操作效率与灵活性。
- 综合实践：每章末尾设有实践操作任务，旨在通过实际操作让学生将所学知识转化为实际技能，切实提升学生的动手能力和问题解决能力。
- 课后习题：每章末尾均设有课后习题，旨在通过练习帮助学生巩固所学知识，同时引导学生深入思考。

3. 资源丰富，配套多样

本书提供精美的 PPT 课件、教学大纲、电子教案、题库练习软件等教学资源，教师可以登录人邮教育社区网站（www.ryjiaoyu.com），搜索并下载使用。

本书还配有微课视频，详细展示书中每一个案例的实际操作流程。读者可直接扫描书中的二维码观看学习。

二、AIGC 使用规范

使用 AIGC 时应遵循一定的规范，以确保生成结果的可靠性、准确性和伦理性，其基本使用规范如下。

- 真实性与准确性：AIGC 提供的资料和信息需要经过人工确认和审查，以确保其真实性和准确性。
- 伦理与诚信：使用 AIGC 时，应遵守学术诚信原则，不得抄袭、剽窃他人成果，不得伪造或篡改数据。
- 透明与披露：AIGC 的使用情况应在论文或成果中进行充分、正确的披露和声明，包括使用者、人工智能技术或系统（需注明版本号）、使用的时间和日期、用于生成文本的提示词和问题、文本中由 AIGC 编写或共同编写的部分等。

此外，AIGC 工具的使用具有较强的通用性，不同平台的操作方法大致相似。若书中案例未特别指明具体平台，则所述方法适用于大多数平台。同时，需要注意的是，AIGC 生成的结果具有一定的随机性，即使用相同的提示词，生成的内容也会有所差异。

编者

2025 年 4 月

第1章
人工智能与 AIGC 概述

随着信息技术的不断发展，人工智能正逐步渗透并深刻影响人们的工作与学习等领域。AIGC 作为人工智能领域的一个新兴分支，正以其独特优势深刻影响着内容的创作与生产。本章首先介绍人工智能的基本概念与大语言模型的基础理论，然后深入探讨 AIGC 的定义、发展历程、工作流程及其广泛的应用场景，并提供基本操作指南。通过本章的学习，读者不仅能了解人工智能与 AIGC 的发展趋势，还能为后续内容的深入学习打下坚实的基础。

【学习目标】

知识目标
- 熟悉人工智能的定义、发展、核心要素与分类。
- 知晓大语言模型的定义与发展现状和趋势。
- 熟悉 AIGC 的定义、发展历程、工作流程。
- 掌握 AIGC 的应用场景和基本使用方法。

能力目标
- 能够分析人工智能及 AIGC 的发展现状和趋势，理解其对社会、经济、文化等方面的影响和作用。
- 能够在实际项目中运用 AIGC，提高内容创作与生产的效率。
- 激发创新思维，探索 AIGC 在新技术、新产业、新业态中的潜在应用。

1.1 认识人工智能

在科技高速发展的今天，人工智能已经成为具有影响力和变革性的技术之一。从智能手机的语音助手到自动驾驶汽车，从在线客服机器人到医疗诊断系统，人工智能正以前所未有的速度渗透到人们生活的方方面面。

▶▶▶ 1.1.1 人工智能的定义与发展

人工智能是指用计算机模拟人类智力活动的理论和技术，也指由人工制造出来的系统所表现出的智能。这种智能在某些方面能够与人类智能相媲美，甚至在某些特定任务上能够超越人类。

具体来说，人工智能通过模拟、延伸和扩展人的智能，使机器能够像人一样思考、学习和决策。这包括对语言的理解、推理、学习新知识、解决问题以及适应不同环境等多方面的能力。人工智能系统可以通过学习和训练，不断优化自身性能，并在各种应用场景中提供智能化的解决方案。

人工智能的发展是一个具有探索性与创新性的历程，主要经历了以下4个阶段。

1. 人工智能的起源

人工智能的起源可以追溯到古希腊哲学家亚里士多德和中国古代思想家墨子，他们曾探讨过关于人造机器和智能的可能性。然而，真正意义上的人工智能研究始于20世纪50年代。

1950年，英国数学家艾伦·麦席森·图灵提出了著名的"图灵测试"，即通过判断一个机器是否能够模拟出与人类相似或不可区分的智能行为来判断计算机是否具有智能。这一测试不仅是一个思想实验，更是人工智能领域的第一块基石，为后续的研究奠定了理论基础。

1956年，美国达特茅斯学院举办了一场为期两个月的夏季研讨会，旨在探讨人工智能这一新兴领域。在这次会议上，约翰·麦卡锡首次提出了"人工智能"这一概念，并将其定义为"研制智能机器的一门科学与技术"。这次会议被视为人工智能作为一个独立学科诞生的标志，这一年也因此被称为"人工智能元年"。

2. 人工智能的发展

20世纪60年代至80年代，人工智能迎来了一个快速发展阶段。在这个阶段，机器学习、神经网络等前沿技术应运而生，极大地拓宽了人工智能的应用领域。值得一提的是，1985年神经网络算法的诞生，为语音识别、图像识别等多个领域带来了突破。

3. 人工智能的低谷

20世纪90年代初，人工智能陷入了暂时的低谷。受到当时计算机的计算能力以及数据集和算法的制约，人工智能的应用受到了限制。但值得庆幸的是，人工智能在这一时期并未停滞不前，支持向量机、随机森林等新型机器学习算法的研究悄然兴起，同时计算机计算能力的持续提升也为人工智能的后续复兴奠定了基础。

4. 人工智能的复兴

21世纪，随着大数据、云计算等技术的蓬勃兴起，人工智能再次进入快速发展阶段。深度学习、自然语言处理、计算机视觉等技术的迅猛发展，使得人工智能的应用领域更加广泛。目前，医疗、金融、交通等多个行业都已见证了人工智能的巨大潜力，而未来，人工智能的发展空间仍不可限量。

纵观人工智能的发展历程，它经历了多次起伏，但前景依然光明。从当前趋势来看，人工智能将不断拓展新的应用领域，算法将持续优化升级，实现与人类社会的深度融合。然而，这一进程也将伴随对就业结构的重塑以及数据安全与隐私保护等挑战。因此，在未来的发展中，人们应更加注重人工智能的可持续发展，致力于研发更加智能、可靠的算法，以确保人工智能更好地为人类服务。

▶▶▶ 1.1.2 人工智能的核心要素

人工智能的核心要素主要包括算法、数据和算力，这三者共同构成了人工智能系统的基石，并推动着人工智能不断发展和进步。

1. 算法

算法是人工智能系统的"大脑"，它决定人工智能如何进行学习、推理、决策和解决问题。算法的选择和设计直接影响人工智能系统的性能和效率。随着技术的不断发展，新的算法不断被提出，以应对更复杂的问题和更高的性能要求。

人工智能中使用了许多不同的算法，常见算法如下。

- 机器学习算法：机器学习算法是人工智能中十分常用的算法之一，它使计算机系统能够通过数据进行学习和改进。
- 深度学习算法：深度学习是机器学习的一个分支，它利用人工神经网络模拟人脑神经元之间的连接和信号传递。深度学习算法在处理大规模数据和复杂任务（如图像识别、语音识别、自然语言处理等）方面表现出色。
- 强化学习算法：强化学习算法是一种通过观察环境和采取行动来学习最优策略的算法。它通过与环境的交互学习最优策略，根据行动的结果获得奖励或惩罚，从而学习如何做出最佳决策。

2. 数据

数据是人工智能系统的"燃料"，缺乏高质量且大规模的数据支撑，人工智能便无法进行高效的学习与训练。在人工智能领域，数据不仅是算法训练与优化的基础，更能帮助人工智能系统从实践中汲取经验，识别出潜在模式，建立起事物间的联系，并做出精确预测。

数据的形式多样，包括结构化数据（如数据库表格）和非结构化数据（如文本、图像、音频）。数据的质量与多样性直接影响着模型（模型是通过算法和数据训练得到的一种能够模拟人类智能行为的系统）的预测准确性及其在不同场景下的适应能力。

数据的价值主要体现在以下 3 个方面。

- 训练模型：数据的数量与多样性对提升模型的准确性和性能至关重要。高质量、丰富多样的数据集能够帮助模型利用机器学习算法深入挖掘数据中的模式与规律，从而更有效地执行预测、分类及决策等任务。
- 支持决策和洞察：数据为深入洞察现实世界提供了有力支撑，是帮助模型做出明智决策的重要依据。通过细致的数据分析与挖掘，用户可以发现数据的潜在趋势、关联及模式，为企业和组织提供科学、可靠的决策依据。
- 创新和发现：数据是创新与发现的催化剂。人们通过使用模型深入分析与挖掘数据，从而不断发现新见解、新关系，并从中汲取灵感，推动创新成果的形成。

3. 算力

算力是人工智能系统的"动力"，它赋予了人工智能处理海量数据及执行繁复算法的能力。人工智能算法往往涉及数以亿计的参数，这些参数需要通过训练进行精细调整，所需的计算量极为庞大。因此，高性能的算力资源成为实现人工智能算法不可或缺的要素。人工智能中常用的算力如下。

- 中央处理器（Central Processing Unit，CPU）：CPU 负责执行计算机程序的指令和逻辑运算。在人工智能中，CPU 常用于处理一般的计算任务和控制计算机系统的运行。
- 图形处理单元（Graphics Processing Unit，GPU）：GPU 是专门用于图形处理的处理单元，具有高度并行的计算能力。在人工智能中，GPU 被广泛应用于深度学习任务，因为深度学习模型中的矩阵运算和神经网络计算可以并行地在 GPU 上进行，大幅提高了计算速度。
- 张量处理器（Tensor Processing Unit，TPU）：TPU 是由谷歌开发的专门用于加速机器学习的处理器。TPU 针对机器学习任务的需求进行了优化，特别适用于大规模和对速度有一定要求的张量计算，如神经网络的前向和反向传播。

- 现场可编程门阵列（Field-Programmable Gate Array，FPGA）：FPGA 是一种基于可编程逻辑器件技术的半导体芯片，具备高度的灵活性和可编程性，由可编程逻辑资源、可编程互连资源和可编程输入输出资源组成，允许用户在硬件层面上配置其功能，以适应不同的用途。FPGA 广泛应用于通信、计算、图像处理、信号处理等多个领域，是现代电子设计中的重要组成部分。
- 分布式计算：在一些需要处理大规模数据和复杂任务的场景中，人工智能系统可以利用分布式计算资源，将计算任务分配给多个计算节点进行并行处理。分布式计算可以提高计算效率和处理能力，加快训练和推理速度。
- 云计算：云计算平台提供了弹性和可扩展的计算资源，使用户可以按需获取算力。通过云计算，人工智能开发者可以根据需求动态调整计算资源的规模和配置，以适应不同的任务和工作负载。

▶▶▶ 1.1.3　人工智能的分类

人工智能按照智能的高低等级划分，一般可以分为 3 个层级：弱人工智能、强人工智能和超人工智能。

1. 弱人工智能

弱人工智能（Artificial Narrow Intelligence，ANI）也称为"窄人工智能"，是指那些专为特定任务设计的智能系统。这些系统在特定领域内表现出色，但它们并不具备通用的智能。如 AlphaGo，这款由 DeepMind 开发的人工智能程序在围棋比赛中战胜了人类世界的冠军，但它的能力仅限于下围棋。

2. 强人工智能

强人工智能（Artificial General Intelligence，AGI）又称为"通用人工智能"，是指那些在各方面都能与人类智能相媲美的人工智能。这种类型的人工智能能够进行思考、解决问题、理解复杂概念，并能快速学习。虽然目前完全实现强人工智能仍是一个挑战，但已经有一些接近强人工智能的系统和应用。如文心一言、ChatGPT 等大语言模型，它们能够理解和回答各种各样的问题，并能够在生成文本时展现出一定的创造力和推理能力。

3. 超人工智能

超人工智能（Artificial Super Intelligence，ASI）是由哲学家尼克·博斯特罗姆提出的一个概念，是指几乎在所有领域都大大超过人类认知和表现的人工智能。超人工智能不仅能够实现与人类智能等同的功能，还能自我重编程和改进，这种能力被称为"递归自我改进功能"。博斯特罗姆还指出，与人类神经元相比，现代微处理器的处理速度快了 7 个数量级，而神经元的传输速度也远远低于计算机的通信速度。这意味着超人工智能的思考速度和自我改进速度将远超人类，不受生物生理的限制。

目前，实现的大多数人工智能都属于弱人工智能的范畴，并且已经被广泛应用于各个领域。由于弱人工智能的功能有限，人们通常将其视为工具，而不是威胁。然而，随着技术的进步，可能逐渐会有强人工智能或超人工智能得以实现，这将给人们带来新的挑战和机遇。

1.2　认识大语言模型

大语言模型（Large Language Model，LLM）作为自然语言处理领域的一项革命性突破，正逐步改变人们与机器交互的方式，深刻影响信息检索、内容创作、智能客服乃至科学研究等多个领域。大语言模型不仅代表人工智能技术前沿探索的成果，更是人类语言智能模拟的一次重要飞跃。

▶▶▶ 1.2.1　大语言模型的基础

大语言模型是一种采用大量数据进行训练的人工智能模型，其核心目标是理解和生成自然语言文本。这些模型通过学习海量文本数据中的语言规律和模式，学会理解和生成人类语言。

1. 大语言模型的核心原理

大语言模型的核心原理在于利用统计方法构建概率分布模型，以预测句子或文档中单词序列的出现概率。这一过程模拟了人类学习语言的过程，即从大量实例中归纳出语言规则，进而用于新情境下的理解和表达。

2. 大语言模型的优点

大语言模型的优点主要体现在以下 3 个方面。

（1）上下文理解能力强

大语言模型凭借其庞大的参数规模和复杂的神经网络结构，能够捕捉到文本中更为细腻和深层次的语义信息。这种强大的上下文理解能力，使得模型在面对复杂、多变的语境时，能够准确识别并理解其言外之意，从而生成更加贴切、连贯的回答。例如，百度开发的文心一言，该模型经过大规模中文语料库的训练，能够深入理解中文的语义和语境。在实际应用中，文心一言展现出强大的上下文理解能力，如在回答涉及多个段落和复杂逻辑的问题时，文心一言能够准确理解问题的上下文，并给出连贯、准确的回答。

（2）语言生成能力强

大语言模型经过对海量数据的学习和训练，能够掌握语言的内在规律和结构，从而生成更加自然、流利的文本。这种能力极大地提升了模型在文本生成、摘要生成、翻译等任务中的表现。例如，阿里巴巴开发的通义，该模型具有强大的文本生成能力，可以应用于多种场景，如智能客服、智能写作等。在智能客服领域，通义能够高效理解用户的问题并提供准确、及时的回答。在智能写作领域，通义能够生成高质量的文章、报告等文本内容，且风格多样、语言流畅。

（3）学习能力强

大语言模型经过大规模的数据训练和复杂的模型结构，能够学习到有用的知识和模式，进而在解决复杂问题和应对新场景时表现得更为出色。例如，悟道模型经过持续学习和优化，不断提升其在自然语言处理任务中的表现。目前，悟道模型已经应用于多个领域，如智能问答、机器翻译等，并在实际应用中取得了显著的效果。

▶▶▶ 1.2.2　大语言模型的发展现状和趋势

随着人工智能技术的飞速发展，大语言模型也呈现出较好的发展态势。

1. 大语言模型的发展现状

大语言模型的发展现状主要体现如下。

（1）技术进展与成果

近年来，大语言模型的规模和性能均取得显著进步。2020 年，OpenAI 发布具有 1750 亿参数规模的大语言模型 GPT-3，标志着自然语言处理领域正式进入大语言模型时代。随后，各大科技公司（如谷歌、微软、NVIDIA 等）纷纷推出自己的大语言模型。其中，OpenAI 于 2022 年推出的 ChatGPT 凭借其卓越的对话交互与文本生成能力，迅速在业界崭露头角，成为备受瞩目的焦点。

进入 2024 年，大语言模型的研发竞争愈发激烈。马斯克的 xAI 公司发布了参数量达到 3140 亿的大语言模型 Grok-1，进一步提升了模型的复杂度和性能。同时，世界数字技术院（World Digital Technology Academy，WDTA）发布了《生成式人工智能应用安全测试标准》和《大语言模型安全测试方法》两项国际标准，标志着大语言模型的应用和监管进入新的阶段。

（2）行业应用与影响

大语言模型的应用范围日益广泛，对多个行业产生了深远影响。在搜索引擎领域，大语言模型能够提供更加直接且贴近人类说话方式的答案，提升用户体验。在医疗领域，研究者可以训练大语言模型理解蛋白质、分子、脱氧核糖核酸（Deoxyribonucleic Acid，DNA）和核糖核酸（Ribonucleic Acid，RNA）等生物信息，助力药物研发。此外，大语言模型还被广泛应用于机器人、代码生成、金融、法律等多个领域，成为推动行业智能化转型的重要力量。

（3）技术挑战与不足

尽管大语言模型取得了显著进展，但仍有许多不足并面临着诸多技术挑战。首先，高计算和存储需求是制约大语言模型发展的重要因素。超大规模模型的训练和推理都需要大量的计算资源和存储空间，成本高昂。其次，训练数据的质量和多样性直接影响模型的性能。如果训练数据存在偏见，那么由此生成的算法模型也会存在这些偏见，从而导致结果偏差和不公平。此外，大语言模型还存在黑箱性质（黑箱是一个只知道输入输出关系而不知道内部结构的系统或设备，其内部运作机制对外部观察者来说是不透明或难以直接观察的）带来的决策过程不透明、恶意使用、隐私泄露等问题，需要在应用过程中加以注意和监管。

2. 大语言模型的未来发展趋势

未来大语言模型的发展将呈现以下趋势：一是模型压缩和高效训练算法的研发，以降低模型的计算和存储需求；二是偏算法和技术的研究，以减少训练数据中的偏见对模型的影响；三是多样化数据收集，确保模型在不同群体和场景中的公平性和鲁棒性（鲁棒性是指系统在面临内部结构和外部环境变化时，保持其性能和功能稳定的能力）；四是引入长期记忆机制和动态适应机制，提高模型处理长文本和复杂依赖关系的能力；五是研究和实现在线学习机制，使模型能够在不完全重新训练的情况下更新其知识。

▶▶▶ 1.2.3 常见的大语言模型

随着人工智能技术的飞速发展，大语言模型平台已成为许多行业不可或缺的工具。这些平台不仅能够提升文本处理、知识问答、逻辑推理等能力，还广泛应用于教育、创作等多个领域。下面将介绍 6 个常见的大语言模型。

1. ChatGPT

ChatGPT 是由 OpenAI 开发的一种以人工智能技术驱动的自然语言处理工具，基于 Transformer 神经网络架构，拥有语言理解和文本生成的能力。ChatGPT 通过连接大量的语料库（语料库包含真实世界中的对话）进行训练，能够进行自然、流畅的对话生成，并根据对话的上下文进行互动，其界面如图 1-1 所示。

ChatGPT 的功能非常丰富，不仅提供文本生成、聊天机器人、语言问答、语言翻译、自动文摘提炼等功能与服务，还涵盖绘画创作与编程开发等领域。具体而言，它能够高效完成邮件撰写、视频脚本编写、文案策划、语言翻译、代码编写等多项任务。值得一提的是，在对话交互过程中，ChatGPT 具备记忆先前对话的能力，能够实现精准的上下文理解，并为用户提供连贯且持续的多轮对话体验。

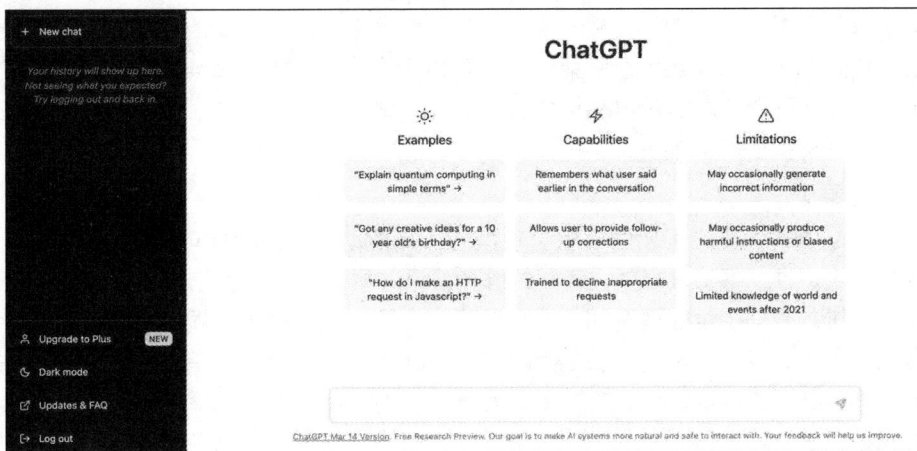

图 1-1　ChatGPT 的界面

知识链接

目前，国内无法直接使用 ChatGPT 官方网站。然而，通过一些 AI 集合网站，用户仍然可以间接地访问和使用 ChatGPT。这些 AI 集合网站通常集成了多种大语言模型，提供了丰富的 AI 工具和资源，使得用户能够在一个平台上体验多种大语言模型的应用。

2. 文心一言

文心一言是百度公司打造的一款全新知识增强大语言模型，是百度在人工智能领域的重要成果。文心一言依托于飞桨深度学习平台和文心知识增强大模型的强大技术支撑，展现出卓越的自然语言处理能力。文心一言的界面如图 1-2 所示。

图 1-2　文心一言的界面

多学一招

若须频繁使用某些提示词，可以单击"我的指令"按钮，在打开的对话框中单击"创建指令"按钮，保存常用的提示词。这样在下次使用时，可以直接选择已保存的提示词，从而提升工作效率与便捷性。

文心一言不仅具备与人对话互动、回答问题、协助创作等基本功能，更在知识增强、检索增强和对话增强等方面表现出色。它能够深入理解用户意图，提供精准、有价值的回答，帮助用户高效、便捷地获取信息、知识和灵感。无论是文学创作、商业文案创作，还是数理逻辑推算，文心一言都能提供有力的支持。

3. 讯飞星火

讯飞星火是由科大讯飞推出的一款全能型人工智能助手。它融合问答、写作、绘画等多种功能，旨在为用户提供便捷、高效、智能的服务。讯飞星火基于深度学习技术开发，拥有庞大的语料库和先进的算法，能够理解和生成自然语言，具备强大的语言理解能力，能够准确理解用户的意图和需求，并提供精准的回答和建议。同时，讯飞星火还具备强大的语言生成能力，能够生成流畅、自然的文本，且生成的文本具有较高的可读性和可理解性。讯飞星火的界面如图 1-3 所示。

图 1-3　讯飞星火的界面

讯飞星火的应用场景非常广泛，包括智能客服、智能写作、智能问答、语言学习等。它可以作为智能客服系统的核心，快速地为用户提供准确的回答和解决方案；也可以帮助用户生成各种类型的文本，如文章、报告、邮件等，提高写作效率和质量。此外，讯飞星火还可以作为语言学习的辅助工具，帮助用户提高语言理解和表达能力。

4. 通义

通义是由阿里巴巴达摩院自主研发的超大规模语言模型，能够妥善处理自然语言理解、文本生成、视觉解析、音频识别、工具调用、角色扮演以及智能体交互等多重任务。通义依托于大规模、多语言、多模态的数据集进行深度预训练，并在精选的高质量语料上进一步优化，以确保其输出的内容与人类偏好高度契合。通义的界面如图 1-4 所示。

5. 天工

天工是由昆仑万维科技股份有限公司与奇点智源联合研发的超大规模人工智能模型。天工拥有自然语言处理和智能交互的能力，能够应对文案创作、知识问答、代码编程、逻辑推演、数理推算等多元化需求。天工的界面如图 1-5 所示。

天工的应用场景非常广泛，能够为搜索引擎提供支持，提升搜索精度和效率，同时在智能客服、内容创作、教育、医疗等领域都有着较大的应用潜力和较高的应用价值。例如，在教育领域，它可以为教师和学生提供个性化教学方案和学习资源；在医疗领域，它可以辅助医生进行疾病诊断和治疗方案的制定。

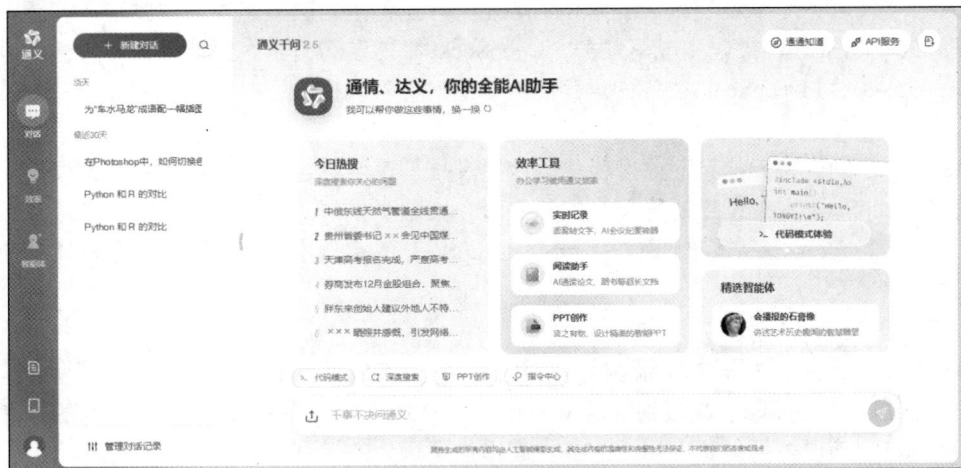

图 1-4　通义的界面

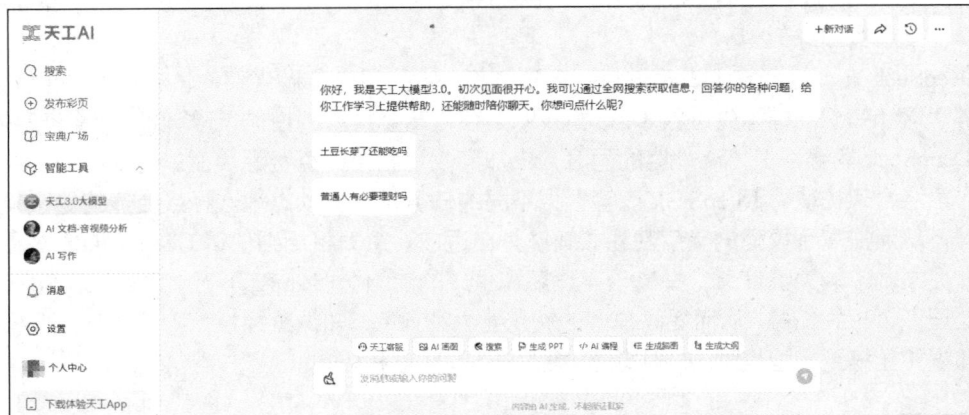

图 1-5　天工的界面

6. DeepSeek

DeepSeek 是杭州深度求索人工智能基础技术研究有限公司倾力打造的一款前沿人工智能模型，其界面如图 1-6 所示。通常，AI 大模型对算力资源有着极高的依赖，这不仅限制了 AI 技术的应用范围，也增加了其普及的难度。然而，DeepSeek 通过优化算法架构，成功打破了这一限制，显著提升了算力资源的利用效率。这一创新使得 DeepSeek 能够在保持高性能的同时，降低对算力资源的依赖，为更多用户提供了使用 AI 技术的机会。

图 1-6　DeepSeek 的界面

DeepSeek 主要具有以下技术特点。

（1）超大规模参数

DeepSeek 的核心优势之一在于其拥有数百亿级别的参数。这些参数经过精心训练和优化，使得 DeepSeek 具备了卓越的语言理解和生成能力。无论是处理日常对话中的琐碎问题，还是应对复杂的逻辑推理、代码生成等任务，DeepSeek 都能游刃有余。这些参数不仅数量庞大，而且质量上乘，为 DeepSeek 在各种语言任务中的出色表现提供了坚实的基础。

（2）高效推理

DeepSeek 的模型架构经过深度优化，使得其推理速度远超传统自然语言处理模型。这一特点使得 DeepSeek 在处理逻辑密度高的任务时，如数学推导、逻辑分析、代码生成等，能够迅速给出准确的答案。高效推理不仅提升了 DeepSeek 的实用性，也为其在更多领域的应用提供了可能。

（3）开放性与可扩展性

DeepSeek 不仅技术先进，而且极具开放性。它支持本地部署和云端服务，开发者可以通过 API 轻松将 DeepSeek 集成到自己的应用中。此外，DeepSeek 还推出了开源的推理模型 DeepSeek-R1，该模型可免费商用，为开发者提供了极大的便利。

开放性与可扩展性使得 DeepSeek 能够更好地满足不同用户的需求。无论是大型企业还是个人开发者，都可以根据自己的需求定制和扩展 DeepSeek 的功能，从而实现更高效、更智能的应用。

（4）创新的训练架构

DeepSeek 在训练架构方面也进行了多项创新。它采用专家混合架构、自适应注意力机制、多任务学习和知识蒸馏等先进技术。这些技术不仅提高了模型的性能，还降低了计算资源需求，使得 DeepSeek 能够在保持高性能的同时，更加高效地利用计算资源。

专家混合架构使得 DeepSeek 能够根据不同的任务需求，动态地选择最合适的专家模型进行处理，从而提高了模型的灵活性和准确性。自适应注意力机制则使得 DeepSeek 能够更加准确地捕捉文本中的关键信息，提高语言理解和生成的能力。多任务学习则使得 DeepSeek 能够同时处理多个相关任务，从而提高模型的泛化能力和效率。知识蒸馏技术则通过从大型模型中提取知识并压缩到小型模型中，实现了模型的高效部署和应用。

1.3　认识 AIGC

AIGC 是一种新的人工智能技术，能够依据用户设定的主题、关键词集合、格式模板及风格偏好，自动创作出多样化的文本、图像、音频乃至视频作品。这一过程极大地丰富了内容创作的维度，实现从人工构思到智能生成的跨越。

>>> 1.3.1　什么是 AIGC

AIGC 是指运用人工智能技术，尤其是深度学习技术，创建各类数字内容的新型内容创作模式。作为一种革命性的内容创作模式，AIGC 能够实现从简单文本到复杂多媒体内容的全面自动化生成。AIGC 的特点如下。

- 自动化生产：AIGC 能够自动解析用户指令，快速生成所需内容，省去烦琐的人工编辑环节，极大地提升创作效率与灵活性。
- 创意驱动：借助 AI 的学习与优化能力，AIGC 能够持续探索新的创作路径，生成独具匠心、引人入胜的内容，满足用户日益增长的个性化需求。
- 全方位展示：无论是静态图像、动态视频，还是音频、代码等，AIGC 都能轻松驾驭，为用户提供多样化的内容体验。同时，它还能根据用户反馈实时调整内容，确保内容与用户需求的高度契合。

- 持续进化：依托大数据与云计算的强大支撑，AIGC 能够不断吸收新知识、优化算法模型，实现内容与技术的双重迭代升级。这种持续进化的能力，使得 AIGC 在激烈的市场竞争中始终保持优势地位。

▶▶▶ 1.3.2　AIGC 的发展历程

AIGC 的发展历程可以划分为早期萌芽、沉淀积累与快速发展 3 个阶段。

1. 早期萌芽阶段（20 世纪 50 年代—20 世纪 90 年代中期）

20 世纪 50 年代，随着计算机科学的初步建立，人类开始探索机器模仿人类智能的可能性，AIGC 的雏形也悄然孕育。然而，由于当时的科技水平限制，尤其是计算能力与算法设计的局限，AIGC 的应用仅限于实验室内的小规模实验，难以拓展到更广泛的领域。这一阶段，科学家们主要是在探索 AIGC 的理论框架与技术路径，为后续的突破奠定基础。

2. 沉淀积累阶段（20 世纪 90 年代中期—21 世纪 10 年代中期）

进入 20 世纪 90 年代中期，随着互联网技术的兴起与计算机性能的显著提升，AIGC 迎来从理论到实践的转变。尽管此时的算法尚不足以支撑直接的内容生成，但 AIGC 已经开始在辅助创作、信息检索等领域展现出潜力。这一时期的 AIGC 主要扮演的是"幕后英雄"这一角色，通过优化流程、提高效率等方式，为内容创作提供间接支持。随着技术的不断积累，人们逐渐意识到，AIGC 的潜力远不止于此。

3. 快速发展阶段（21 世纪 10 年代中期至今）

进入 21 世纪 10 年代中期，随着深度学习技术的突破性革新，特别是生成对抗网络（Generative Adversarial Network，GAN）的问世，AIGC 迎来新的发展机遇。这一技术革新打破了 AIGC 的瓶颈，使得 AIGC 能够创造出满足人类需求且多样化的文本、图像乃至视频内容。

值得一提的是，近年来 AIGC 的应用场景日益丰富，从最初的企业级服务逐渐渗透到用户端市场，使普通用户也能轻松上手使用。这一转变不仅降低了内容创作的门槛，也激发了大众的创作热情，推动了文化产业的多元化发展。同时，AIGC 的开发侧重点也从技术实现转向用户体验优化，更加注重应用的便捷性与实用性，让 AIGC 真正成为人类创作的得力助手。

▶▶▶ 1.3.3　AIGC 的工作流程

AIGC 的核心机制在于，通过人类的训练引导，计算机能够领会并执行人类下达的任务（即指令），最终达成任务目标（产出内容）。尽管 AIGC 的工作流程可能因应用场合及产出内容的差异而有所变化，但其基本流程大致包含数据收集、数据预处理、模型训练、内容生成和评估与优化 5 个步骤。

1. 数据收集

AIGC 的起点是广泛而深入地搜集数据。无论是利用已有的大型数据集，还是通过精心设计的调查、用户交互活动获得数据，甚至是获取公开的互联网资源，这些数据都是 AI 模型学习与成长的宝贵养料。数据的质量与数量直接决定 AI 模型后续训练的效果与生成内容的质量。因此，在创建 AIGC 的初期，数据收集工作十分重要。

2. 数据预处理

原始数据往往夹杂着多余、重复及不相关的信息，如果不处理这些数据，将严重影响 AI

模型的训练效果。因此，数据预处理是 AIGC 工作流程中不可或缺的一环。通过清理无效数据、删除重复项、规范数据格式与结构，确保输入模型的数据干净且一致，能够为后续的模型训练打下坚实的基础。

3. 模型训练

在模型训练阶段，开发者会根据数据的特性和任务需求，选择恰当的算法（监督学习或无监督学习等）训练模型。同时，开发者还会不断调整模型参数，力求降低预测误差，从而增强模型的适应能力。每一次训练迭代，都是对 AI 智慧的一次精心打磨，使 AI 能够更精准地把握用户意图，并高效地产出用户所需内容。

4. 内容生成

当 AI 模型经过充分训练后，便能够独立承担起内容生成的重任。无论是撰写新闻稿、创作文学作品、设计图像还是剪辑视频，AI 都能凭借其强大的学习与创造能力，生成丰富的内容。这些由 AI 生成的内容，不仅数量庞大，而且风格多样，能够为用户提供丰富的素材，是用户的灵感来源。

5. 评估与优化

AI 生成的内容并非完美无缺。为确保其满足特定的质量标准（如准确性、相关性、连贯性等），还需要评估与优化生成的内容。这包括综合考量内容的逻辑结构、语言表达、创意水平等多个维度，必要时还需对 AI 模型进行额外的训练或调整数据预处理与内容生成策略，以不断提升内容的质量与用户体验。

1.4 AIGC 的应用场景

AIGC 以其强大的内容生成能力，在多个维度上拓展应用边界，覆盖众多的产业和领域。常见的 AIGC 应用场景有以下 4 种。

▶▶▶ 1.4.1 文本生成与辅助创作

AIGC 技术的引入不仅极大地提高了创作者的工作效率，还激发了他们的创作灵感。通过 AIGC 技术生成的文本内容，创作者可以获得更多的创作素材和思路，进一步丰富和完善自己的作品。

▶▶▶ 1.4.2 AI 绘画与图像编辑

AI 绘画是 AIGC 在视觉艺术领域的应用。借助深度学习算法，AI 能够学习并模仿各种艺术风格，包括古典油画、现代抽象画，甚至创造出新的风格。用户只需提供简单的描述或草图，AI 就能自动生成精美的图像作品，满足广告设计、游戏开发、电影制作等多个场景的需求。此外，AI 在图像修复、色彩调整等方面也展现出了强大的能力，为视觉创意行业带来便利与新的可能性。

▶▶▶ 1.4.3 音视频生成与编辑

在音视频领域，AIGC 同样发挥着重要作用。从音乐创作、语音合成到视频剪辑、特效制作，AI 技术逐步取代传统的手工操作。例如，AI 可以根据情感分析结果生成符合情绪变化的背景音乐，或基于文本描述生成自然流畅的语音播报。在视频编辑方面，AI 能够自动识别并剪辑出视频中的精彩片段，并为该片段添加特效和滤镜，甚至生成全新的视频内容，推动影视制作、在线教育、直播带货等领域的创新与发展。

▶▶▶ 1.4.4 代码生成与软件开发

在软件开发领域，AIGC 的应用更是颠覆了传统的编程方式。通过自然语言处理技术，开发者可以使用自然语言描述需求，AI 则能自动编写出相应的代码，大大简化了编程流程，提高了开发效率。此外，AI 还能辅助开发者进行代码审查、优化代码结构、预测潜在 bug（故障）等，从而保证软件开发质量。

1.5　AIGC 的基本使用方法

当下，AIGC 已经成为许多领域不可或缺的工具。无论是写作辅助、创意设计，还是日常信息查询，AIGC 都能帮助用户高效且便捷地完成各项任务。

▶▶▶ 1.5.1 AIGC 的使用步骤

不同 AIGC 工具的使用步骤类似，大致可以分为选择 AIGC 工具、注册与登录 AIGC 工具、输入提示词与生成内容、调整与优化 4 个步骤。

1. 选择 AIGC 工具

用户需要根据自己的需求和实际情况选择合适的 AIGC 工具。市面上的 AIGC 工具种类繁多，有的专注于文本生成，有的则擅长图像或音频创作。例如，一名文案策划人员可能需要一个文本生成工具，而一名设计师则可能更倾向于选择图像生成工具。

2. 注册与登录 AIGC 工具

注册与登录 AIGC 工具这一步骤的目的是确保用户能够正常使用 AIGC 工具并享受其提供的各项服务。

通常，注册过程会要求用户提供一些基本信息，如用户名、密码、邮箱地址等。部分平台可能还需要进行验证码验证或手机绑定，以增强账号的安全性。完成注册后，使用注册的用户名和密码即可登录对应的 AIGC 工具。

3. 输入提示词与生成内容

登录成功后，用户便可以开始使用 AIGC 工具生成内容。在主界面中，通常会有一个文本框供用户输入问题或对话内容，这些输入的问题或对话内容就是提示词。

以文心一言为例，在文本框中输入提示词，然后单击"提交"按钮 ✈，即可获得生成内容，如图 1-7 所示。

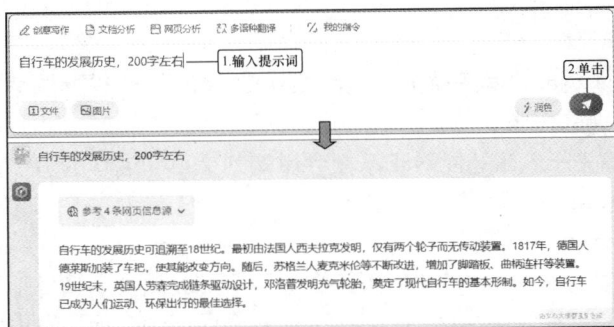

图 1-7　输入提示词与生成内容

4. 调整与优化

虽然 AIGC 工具能够自动生成内容，但有时候生成的结果并不完全符合用户的期望。这时，用户可以调整和优化生成的内容，主要有以下 3 种方式。

- 修改提示词：修改原本的提示词，然后重新生成，如将提示词"写一篇关于人工智能的文章"改为"用通俗的语言写一篇关于人工智能的文章"，这样 AIGC 工具生成的内容会更加通俗易懂。
- 提出进一步要求：对生成的内容提出进一步的要求，如"请使用更加通俗易懂的语言进行改写"，这样 AIGC 工具会将生成的内容改得更加通俗易懂。
- 调整模型参数：部分 AIGC 工具允许用户调整模型参数，以进一步设置生成内容的质量和风格。比如，可以调整模型的"创意度"参数，使生成的内容更加新颖有趣；或者调整"准确性"参数，以确保生成的内容更加真实和可靠。

▶▶▶ 1.5.2　认识提示词

提示词在 AIGC 工具的应用中扮演着至关重要的角色，它直接引导着 AIGC 工具生成内容的走向与风格。为了更有效地运用 AIGC 工具，使其生成更符合需求的内容，了解提示词的定义、主要形式以及撰写技巧十分重要。

1. 提示词的定义

提示词是用户向 AIGC 工具发出的简短指令或描述，旨在引导 AIGC 工具生成他们需要的具体内容。这些精心选择的词汇或短语，不仅明确了用户的意图，还体现了用户对生成内容的期待，是 AIGC 工具"理解"并"创造"内容的起点。

2. 提示词的主要形式

AIGC 提示词的主要形式包括关键词、短语、句子、文本段落以及结构化提示词等。

（1）关键词提示词

关键词提示词是 AIGC 提示词中的基础形式。这种形式通常简洁明了，直接点明生成内容的核心要素。

例如，在图像生成任务中，关键词"夏日海滩"就能让 AI 模型生成与夏日海滩相关的图像内容。在文本生成任务中，关键词"科技创新"能指导 AI 模型生成关于科技创新的文章或段落。

（2）短语提示词

短语通常由几个词汇组成，能够表达更为复杂的概念或情感，使得 AI 模型能够更准确地理解生成内容的意图和需求。

例如，短语"描述一个温馨的家庭场景"就比单独的关键词"家庭"更能具体地指导 AI 模型生成内容。

（3）句子提示词

使用句子作为提示词时，其完整的语境和语法结构使得 AI 模型能够生成更加连贯和自然的文本或更加真实协调的图像。

例如，"请写一篇关于人工智能对未来社会影响的文章"这样的句子提示词，能够明确告诉 AI 模型文章的主题和内容要求。

（4）文本段落提示词

在创作长篇文本或处理复杂内容时，采用文本段落形式的提示词对于明确写作方向至关重要。一个完整的文本段落往往由多个句子构成，能够全面而细致地勾勒出所需生成内容的背景信息、具体要求、期望风格以及建议的结构框架。

例如，"请创作一段关于月球探险的科幻故事。故事应聚焦于宇航员在月球探险过程中的冒险经历、所面临的挑战以及他们的个人成长。同时，故事中还需详细描绘月球探险过程中所运用的各种高科技装备，如先进的宇航服、精密的探测器、高效的通信器等。在撰写时，请确保故事情节既吸引人又保持连贯，充分展现你的想象力，并且整体风格需符合科幻小说的特点。"这样的文本段落提示词，不仅能够为 AI 模型提供明确的内容创作指南，帮助其精准把握故事的核心要素和写作重点，还能极大地提高生成内容的丰富性和深度，使得最终产出的文本更加符合用户的期望和需求。

（5）结构化提示词

结构化提示词是一种有条理、分层次的提示词形式，它通过将创作要求分解为多个具体、明确的指令，帮助 AI 模型更准确地理解和执行创作任务。这种提示词通常包括背景设定、主题要求、内容细节、风格指导、结构安排等多个方面，每个方面都有具体的描述和要求。

以下是一个针对"小红书"平台内容创作的结构化提示词例子。

> 主题要求
> 创作一篇关于"春季时尚穿搭"的小红书笔记。
> 展示春季流行的服装搭配，提供穿搭灵感和购物指南。
> 内容细节
> 介绍春季的时尚趋势，如色彩、款式、材质等。
> 分享几套个人喜欢的春季穿搭，包括上衣、下装、鞋子、配饰等搭配细节。
> 提供穿搭技巧，如如何根据身材、肤色选择合适的服装。
> 推荐一些春季穿搭的必备单品，附上购买链接或品牌信息。
> 风格指导
> 风格轻松、活泼，符合小红书的平台氛围。
> 使用丰富的图片或视频展示穿搭效果，提高笔记的吸引力。
> 语言亲切、自然，像是和读者聊天一样。
> 结构安排
> 开头：简短介绍春季的到来和时尚趋势的变化。
> 中间：详细展示几套春季穿搭，每套穿搭都要附上图片，并对搭配细节和穿搭技巧进行讲解。
> 结尾：总结春季穿搭的要点，鼓励读者尝试新风格，附上购物指南和链接。

通过这样的结构化提示词，AI 模型可以更加准确地理解小红书平台的内容创作要求，并按照提示逐步创作笔记，从而生成一篇符合平台风格和受众喜好的春季时尚穿搭笔记。

▶▶▶ 1.5.3　提示词撰写技巧

一个精准、明确的提示词往往能够引导 AIGC 工具生成更加符合用户期望的内容，而模糊或含糊不清的提示词则可能导致生成内容偏离用户的预期。因此，撰写出准确且高质量的提示词十分重要。下面介绍 AIGC 提示词的一些撰写技巧。

1. 明确目标

首先，要明确 AIGC 生成的目标是什么，是生成一篇科技新闻稿，还是一首浪漫的情诗。不同的目标需要不同的提示词来引导。例如，科技新闻稿的提示词可以是"撰写一篇关于最新人工智能技术在医疗领域的应用的新闻稿"，而情诗的提示词可以是"创作一首表达深深爱意的情诗，风格偏向古典"。

2. 细化要求

在明确目标之后，接下来要细化要求。这包括内容的具体细节、风格、情感色彩等。例如，科技新闻稿的提示词可以进一步补充"新闻稿应包含人工智能在医疗诊断中的最新突破，以及人工智能技术如何改善患者的生活质量。字数控制在 800 字左右，风格正式"；而情诗的提示词也可以进一步补充"情诗应包含对爱人眼睛的赞美，使用比喻和象征手法，表达出无法割舍的爱恋。诗的长度为四段，每段四行"。

3. 提供背景信息

为使 AIGC 系统更好地理解需求，并生成更符合期望的内容，用户需要提供一些背景信息。例如，在需要 AIGC 生成一篇关于某个历史事件的文章时，可以在提示词中简要介绍该事件，比如要写一篇关于《永乐大典》的文章，其提示词可以是"《永乐大典》是明朝永乐年间编纂的一部大型类书，是中国古代的一部百科全书式的类书，内容涵盖天文、地理、人事、名物、制度、典故等各个方面，被誉为'中国古代文化的瑰宝'。请写一篇关于《永乐大典》的文章，重点介绍其编纂背景、内容特色及对后世的影响"。

4. 设定约束条件

为了让 AIGC 生成的内容更加符合要求，用户可以在提示词中设定一些约束条件，如避免使用某些词汇、保持内容的原创性等。例如，"生成一篇关于人工智能的科普文章，避免使用过于复杂的专业名词，确保内容轻松有趣、易于理解"。

多学一招

许多 AIGC 工具还具备提示词润色及优化的能力，这些能力能协助用户设计出更精确而清晰的提示词。这一功能通过调整与改进原有提示词，使用户的表达更加准确。例如，使用文心一言时，用户只需在文本框中输入一个简单的提示词，单击"润色"按钮，即可得到一个要求具体、内容全面的提示词。

1.6 综合实践

本章主要讲解了人工智能、大语言模型以及 AIGC 的基本概念、发展历程、工作流程、应用场景和基本使用方法。为了加深读者对本章知识的理解与提高读者的实际应用能力，接下来，将通过"体验与比较大语言模型"案例，具体展示如何巧妙地运用所学知识，帮助读者在实际操作中灵活掌握并巩固本章的知识点。

1.6.1 实践背景

夏明对 AIGC 有着浓厚的兴趣，想要深入探索并对比各大语言模型的性能与特点。为更方便快捷地体验各个大模型，夏明决定使用 AskManyAI。AskManyAI 网站汇聚了数十款知名的大语言模型，用户可以选择不同的模型进行问答，进而可以比较各个大语言模型的回答效果。

1.6.2 实践思路

首先在 AskManyAI 网站中选择要使用的大语言模型。然后使用各种的问题比较选择的大语言模型在逻辑推理、图像理解，文案生成等方面的能力。整个创作思路如图 1-8 所示。

体验与比较大语言模型

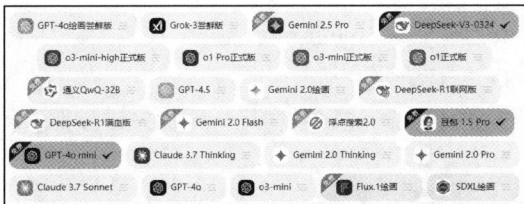

①在AskManyAI网站选择要使用的大语言模型

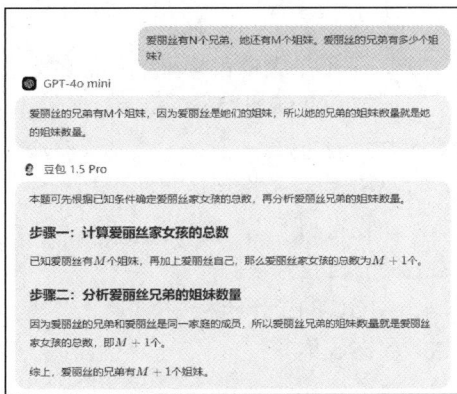

②比较不同大语言模型在逻辑推理方面的能力

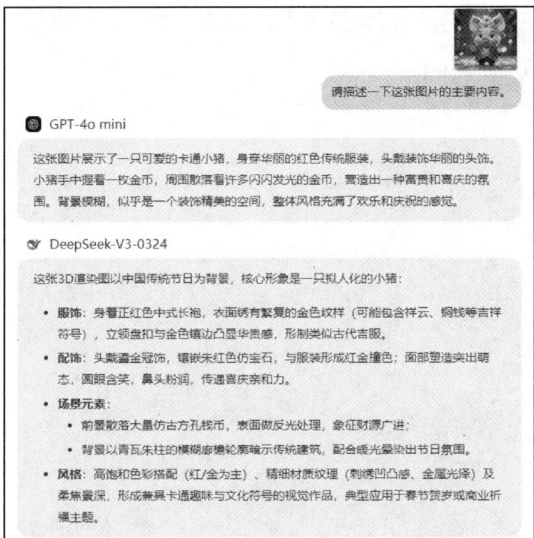

③比较不同大语言模型在图像理解方面的能力

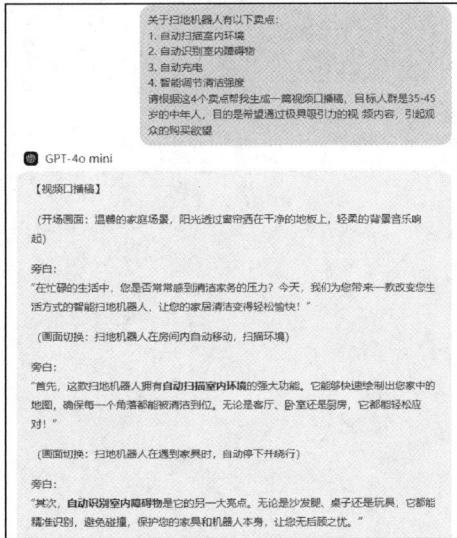

④比较不同大语言模型在文案生成方面的能力

图1-8 操作思路

1.7 课后习题

1. 填空题

（1）人工智能通过_____、_____和_____人的智能，使机器能够像人一样_____、_____和_____。

（2）弱人工智能是指那些专为_____设计的智能系统。

（3）强人工智能是指那些在各方面都能与_____相媲美的 AI 系统。

（4）超人工智能是指几乎在所有领域都大大超过_____的人工智能。

（5）大语言模型是一种采用_____进行训练的人工智能模型，其核心目标是理解和生成_____。

（6）AIGC 是指运用_____，尤其是深度学习技术，创建各类_____的新型内容创作模式。

2. 单选题

（1）人工智能的核心要素不包括（　　　）。

A．算法   B．数据   C．算力   D．网络

（2）以下不是大语言模型的优点的是（   ）。

A．上下文理解能力强   B．语言生成能力强

C．学习能力强   D．逻辑分析能力强

（3）人工智能是指用计算机模拟（   ）的理论和技术。

A．动物行为   B．人类智力活动

C．机器自我修复   D．自然现象

（4）AIGC的工作流程中，（   ）是确保输入模型的数据干净且一致的关键步骤。

A．数据收集   B．数据预处理

C．模型训练   D．内容生成

3. 操作题

使用通义生成一篇关于"可持续发展在城市规划中的重要性"的短文，并尝试调整提示词以生成不同风格（如正式、轻松、风趣等）的内容。

第 2 章
AIGC 辅助文案创作

随着自然语言处理技术的不断进步，AIGC 不仅能够高效地辅助人类完成重复性、高频率的文案撰写任务，还能激发创意，为文案提供新颖、独特的视角。无论是职场沟通、营销推广，还是新媒体内容创作，AIGC 都将以其独特的优势，助力创作者提升效率，拓宽创意边界，实现内容与技术的完美融合。本章将深入探讨 AIGC 在文案创作领域的应用，从基础理论到实战技巧，全面剖析 AIGC 如何成为创作者的得力助手。

【学习目标】

知识目标
- 知晓 AIGC 文案创作的优势。
- 掌握 AIGC 文案创作提示词公式。
- 学会创作 AIGC 职场应用文。
- 学会创作 AIGC 营销文案。
- 学会创作 AIGC 新媒体文案。

能力目标
- 能够使用 AIGC 辅助职场应用文创作。
- 能够使用 AIGC 辅助营销文案创作。
- 能够使用 AIGC 辅助新媒体文案创作。

2.1 AIGC 文案创作基础

AIGC 所运用的文案生成方式，实质上是一个深度学习模型，它的核心在于自然语言处理技术。通过对庞大语料库的深入训练，AIGC 能够精准掌握人类语言的词汇运用、语法结构以及书写风格，进而生成既符合语法规范又富有语义逻辑的文案。

▶▶▶ 2.1.1 AIGC 文案创作的优势

在这个信息爆炸的时代，内容创作成为各行各业不可或缺的一环。然而，随着需求量的激增，创作者们面临着新的挑战：如何在保证质量的同时，高效产出大量优质内容。AIGC文案创作的兴起，为解决这一难题提供了方法。相较于传统的文案创作方式，AIGC文案创作具有如下优势。

1. 提高创作效率

AIGC文案创作在提高创作效率和质量方面的优势，体现在速度、精准度和个性化定制能力上。随着深度学习和自然语言处理技术的不断进步，AIGC能够分析海量的文本数据，快速掌握并模仿不同行业、不同风格的写作规范。例如，在电商领域，AIGC可以根据产品特性、目标受众和营销目标，自动生成符合品牌调性的产品描述和促销文案，这一过程往往只需几分钟甚至几秒钟，而传统方式下可能需要数小时甚至更长时间。

2. 拓宽创作思路

AIGC文案创作作为创意的催化剂，在实际应用中的表现极为出色。以广告行业为例，AIGC通过分析大量市场趋势、用户行为和社会热点等数据，能够为广告创意团队提供基于大数据的创意方向。例如，在一次针对年轻消费群体的饮料推广活动中，AIGC分析发现"环保"和"健康生活"是当下的热门话题，于是建议将这两个元素融入广告文案中，最终创作出既符合品牌理念又贴近消费者心理的创意广告，成功吸引了大量消费者的关注。这种基于数据洞察的创意生成极大地拓宽了创作者的思路，使得文案内容更加贴近市场需求，增强了营销效果。

3. 优化文字质量

在文字优化方面，AIGC展现出极为出色的精细化处理能力。通过先进的算法，AIGC能够识别并修正文案中的语法错误、拼写错误，甚至能根据上下文优化词汇和句子结构，使文案更加通顺、专业。此外，AIGC还能根据目标受众的偏好，调整文案的语气和风格，使信息传达更加精准有效。例如，针对年轻用户的文案可能更倾向于使用轻松幽默的语言，而面向专业人士的文案则更注重逻辑性和专业性。

4. 拓展能力边界

AIGC不仅能辅助文案创作，还能促进多媒体内容的有机融合与全面创新。随着AIGC图片生成、AIGC视频编辑等技术的成熟，创作者可以轻松地将文字与视觉元素结合，创造出更加丰富多样的内容形式。例如，在教育领域，教师可以利用AIGC生成图文并茂的教案，通过直观的图像讲解复杂的概念，提高学生的学习兴趣和对知识的理解能力。在社交媒体营销中，商家可以借助AIGC生成与文案相匹配的创意图片或短视频，增强内容的互动性和分享性，从而扩大品牌影响力。这种跨媒介的创作方式，不仅拓宽了创作者的技能范围，也为企业和商家提供了更多元化的内容营销策略，进一步拓展了内容营销的边界。

▶▶▶ 2.1.2　AIGC文案创作提示词公式

AIGC这一前沿技术激起了越来越多创作者浓厚的探究兴趣。一方面，他们对AIGC技术所带来的高效创作能力与无限创意空间充满期待；另一方面，由于缺乏经验，他们在精准获取所需内容上常感到迷茫与困惑。然而，通过持续的实践探索与深入分析，相关领域已逐步提炼出一套行之有效的AIGC文案创作提示词公式——3S指令法，如图2-1所示。

图2-1　AIGC文案创作提示词公式

1. 主题

AIGC 文案创作的第一步是明确主题（Subject），需要清晰地告诉 AIGC 你想要表达的核心内容是什么。主题不仅是文案的灵魂，也是 AIGC 创作的指南针。比如，如果想要创作一篇关于"智能家居的未来趋势"的文案，那么"智能家居"和"未来趋势"就是需要强调的主题。通过精准的主题定位，AIGC 能够更好地理解用户需求，从而生成与用户需求紧密相关的内容。

2. 风格

在 3S 指令法中，风格（Style）是不可或缺的一环。明确的风格指令，能够引导 AIGC 生成更符合预期的文案。创作者可以根据目标受众、品牌形象或营销需求，为 AIGC 设定相应的文案风格，如正式严谨的商务风、轻松幽默的"网感风"、文艺清新的散文体或直截了当的营销语。

3. 结构

文案的结构（Structure）如同建筑的骨架，支撑着整个内容的逻辑与层次。在 AIGC 文案创作中，一个清晰的结构指令能够帮助 AIGC 更好地组织语言，形成条理清晰、逻辑严密的文案。创作者可以通过段落划分、要点罗列或故事叙述等方式，为 AIGC 提供一个明确的创作框架。例如，要求 AIGC 按照"引言—正文—结论"的结构撰写一篇产品介绍文案，或者按照"问题—分析—解决"的逻辑构思一篇解决方案型的文章。这样的结构指令能够引导 AIGC 生成符合逻辑的文案，同时易于读者理解。

2.2 AIGC 职场应用文创作

在日常工作中，我们有时需要撰写各种职场应用文，如工作总结、会议发言稿和通知等，这些应用文往往遵循一定的结构和风格规范。对那些不常接触这类文章的人来说，可能会觉得无从入手，倍感困扰。然而，有了 AIGC 的助力，创作者能够使用 AIGC 智能化地生成符合职场规范的应用文。无论是条理清晰的工作总结，还是言之有物的会议发言稿，甚至是严谨规范的通知文件，AIGC 都能轻松应对。即便是对职场应用文写作不太熟悉的人，也能借助 AIGC 快速完成职场应用文的创作。

下面以工作总结、会议发言和通知为例，讲解使用 AIGC 工具创作职场应用文的方法。

▶▶▶ 2.2.1 工作总结

工作总结是对一定时期内的工作进行全面且系统的总检查、总评价、总分析、总研究，肯定成绩，找出问题，得出经验教训，摸索事物的发展规律，用于指导下一阶段工作的一种书面文体。工作总结要求人们理性地思考以往的工作情况，通过反思提高认识、获得经验，为进一步做好工作打下思想基础。

根据提供的资料生成"3 月份销售工作总结报告"

使用 AIGC 工具生成工作总结的提示词参考结构如下。

> 请根据以下资料撰写一份以【工作总结】为标题的总结报告。
>
> 相关资料：【工作期间的目标和任务、具体的项目和活动记录、绩效指标和量化成果、同事或上级的反馈和评价等】。
>
> 具体要求：【结构、字数、风格等】。

【案例 2-1】根据提供的资料生成"3 月份销售工作总结报告"

夏明为全面回顾与分析 3 月份的销售工作成效，决定撰写一份"3 月份销售工作总结报告"。

为确保报告的客观性、准确性与高效性，他决定采用 AIGC 工具来辅助完成这一任务。

（1）在 AIGC 工具中输入以下提示词。

> 请帮我撰写一份 3 月份销售工作的总结报告。
>
> 一、相关资料
>
> 月初目标：总销售额 20 万元，新开发客户不少于 10 个，老客户续签率达到 90% 以上。
>
> 实际完成情况：总销售额 25.3 万元，新开发客户数量为 8 个，老客户续签率达到 92%。
>
> 二、具体要求
>
> 报告应包括销售情况概述、目标完成情况、新开发客户数量、老客户续签率等方面的数据和分析。同时，请提供对销售情况的总结和建议，以帮助公司更好地了解销售情况并制定未来的销售策略。

（2）AIGC 工具的回复如下。

3 月份销售工作总结报告

一、销售情况概述

本报告旨在全面总结 3 月份的销售业绩，对比月初设定的销售目标与实际的完成情况，分析销售过程中的亮点与不足，并提出相应的改进建议，以期为公司未来销售策略的制定提供有力支持。

二、目标完成情况

1. 总销售额

- 月初目标：20 万元。
- 实际完成情况：25.3 万元。
- 完成率：126.5%。
- 分析：3 月份的总销售额显著超出月初设定的目标，说明销售团队在市场推广和客户维护方面表现出色。这一成绩的取得，得益于团队对市场的精准把握、对销售策略的有效执行以及对客户需求的积极响应。

2. 新开发客户数量

- 月初目标：不少于 10 个。
- 实际完成情况：8 个。
- 完成率：80%。
- 分析：虽然新开发客户数量未达到月初设定的目标，但考虑到市场竞争的激烈程度以及客户开发的难度，这一成绩仍属可接受范围。然而，为进一步提升市场份额，我们需要在新客户开发方面投入更多资源和精力。

3. 老客户续签率

- 月初目标：达到 90% 以上。
- 实际完成情况：92%。
- 完成率：102.2%。
- 分析：老客户续签率高于月初设定的目标，表明销售团队在客户维护和服务方面表现出色。这一成绩的取得，得益于我们提供的优质服务、良好的产品口碑以及与客户建立的长期合作关系。

三、新客户数量分析

新客户数量的增长是公司业务拓展的重要动力。虽然 3 月份新客户开发数量未达到目标，但通过分析客户来源、客户需求以及客户反馈，我们可以发现一些潜在的市场机会和客户需求。未来，我们将加强市场调研，优化销售策略，提高新客户开发的效率和成功率。

四、老客户续签率分析

老客户续签率的提升是公司稳定发展的重要保障。3月份老客户续签率高于目标，表明我们在客户维护和服务方面取得了显著成效。为保持这一良好势头，我们需继续努力，不断提升产品质量和服务水平，增强客户黏性。

五、销售情况总结与建议

1. 总结

- 3月份销售业绩整体表现良好，超额完成总销售额目标，老客户续签率高于预期，但新客户开发数量未达到目标。
- 销售团队在市场推广、客户维护和服务方面表现出色，但仍需在新客户开发方面加大投入。

2. 建议

- 加强市场调研：深入了解市场需求和竞争态势，为制定更加精准的销售策略提供依据。
- 优化销售策略：针对不同客户群体制定个性化的销售策略，提高销售效率和客户满意度。
- 加大新客户开发力度：通过线上线下相结合的方式，拓宽客户渠道，提高新客户开发的效率和成功率。
- 提升服务质量：继续加强客户服务团队建设，提高服务质量和响应速度，增强客户黏性。
- 加强团队协作：定期组织销售培训和团队建设活动，提升销售团队的专业能力和凝聚力。

六、结语

3月份的销售业绩为公司未来的发展奠定了坚实基础。我们将总结经验教训，加强市场调研和推动产品优化，提升销售效率和服务质量，以期在未来的销售工作中取得更加优异的成绩。

报告人：[您的姓名]

报告日期：[报告完成的日期]

▶▶▶ 2.2.2 会议发言

会议发言是指在一次正式的会议上，与会者依据事先制订的议程，就某个特定议题进行演讲，讲解、陈述自己的观点和建议。会议发言是参与会议讨论的重要方式之一，也是交流和沟通的关键环节。

使用AIGC生成会议发言的提示词参考结构如下。

生成以"新产品市场推广策略"为主题的会议发言

请根据以下信息撰写一份会议发言文档。

会议主题：【会议的主要讨论内容或议题】。

目的：【列出发言的主要目的，如传达信息、提出建议、解决问题等】。

背景信息：【提供数据、案例或引用以支持关键论点】。

发言风格：【发言的语气和风格，如正式、友好、幽默、激励等】。

【案例2-2】生成以"新产品市场推广策略"为主题的会议发言文档

夏明需要在周一的公司例会上就"新产品市场推广策略"这一主题进行发言，为确保发言内容具备高度的针对性与实用性，他决定采用AIGC工具辅助生成会议发言文档。

（1）在AIGC工具中输入以下提示词。

请根据以下信息撰写一份会议发言文档。

会议主题：

新产品市场推广策略。

目的：

1. 分享新产品市场推广的初步成果与经验；
2. 探讨当前市场面临的挑战与机遇；
3. 提出未来市场推广的策略与方向。

背景信息：

1. 新产品自上市以来，销售额稳步增长，特别是第二季度销售额达到100万元，其中新产品销售额占30%；
2. 市场上同类产品竞争激烈，但新产品凭借其独特的功能和优势，逐渐获得客户认可。

发言风格：

正式而鼓舞人心，强调团队合作与创新精神。

（2）AIGC工具的回复如下。

新产品市场推广策略会议发言文档

主题：新产品市场推广策略。

尊敬的各位领导、同事们：

大家好！

今天，我们齐聚一堂，共同探讨新产品市场推广的初步成果与经验，分析当前市场面临的挑战与机遇，并集思广益，提出未来市场推广的策略与方向。首先，我要感谢每一位在市场推广前线辛勤付出的同事，是你们的努力与智慧，让我们的新产品在市场上崭露头角。

一、新产品市场推广的初步成果与经验

自新产品上市以来，我们取得了令人瞩目的成绩。第二季度，公司总销售额达到100万元，其中新产品销售额占比高达30%。能够取得这一成绩，离不开我们团队的紧密协作与不懈努力。

在新产品推广过程中，我们注重市场调研，深入了解客户需求，精准定位产品优势。通过线上线下相结合的营销方式，我们成功地将新产品推向市场，并获得客户的广泛认可。同时，我们还加强与客户的沟通与服务，不断提升客户满意度，为产品的持续销售奠定了坚实基础。

二、当前市场面临的挑战与机遇

尽管我们取得了初步成果，但市场挑战依然严峻。同类产品竞争激烈，客户对产品的性能、价格、服务等方面的要求日益提高。然而，机遇与挑战并存。我们的新产品凭借其独特的功能和优势，在市场上逐渐脱颖而出，赢得了客户的青睐。

当前，我们正处在一个充满机遇的市场环境中。随着科技的不断发展，客户对高品质、高附加值产品的需求日益增长。只要我们紧跟市场趋势，不断创新产品与提高服务质量，就一定能够在激烈的市场竞争中占据一席之地。

三、未来市场推广的策略与方向

面对未来，我们需要更加清晰地认识市场，制定更加精准的市场推广策略。在此，我提出以下5点建议。

1. 深化市场调研：继续加强市场调研，深入了解客户需求与市场动态，为产品改进与市场策略调整提供有力支持。

2. 优化营销组合：结合线上线下资源，打造多元化的营销渠道，提升产品曝光度与品牌影响力。同时，注重营销活动的创意与互动性，以吸引更多潜在客户关注。

3. 强化客户服务：建立完善的客户服务体系，提高客户服务质量，及时解决客户的问题，增强客户黏性。通过口碑营销，进一步拓展市场份额。

4. 推动产品创新：加大研发投入，不断推出具有竞争力的新产品，满足市场多样化的需求。同时，注重知识产权保护与品牌建设，提升产品附加值。

5. 加强团队协作：发挥团队优势，加强内部沟通与协作，共同应对市场挑战。通过定期培训与交流，提升团队成员的专业能力与综合素质。

各位同事，新产品的市场推广是一项长期而艰巨的任务。我相信，只要我们团结一心，锐意进取，就一定能够克服一切困难，开创更加辉煌的未来。让我们携手共进，为实现公司的宏伟目标而努力奋斗！

谢谢大家！

发言人：[您的姓名]

发言日期：[具体日期]

▶▶▶ 2.2.3 通知

根据提供的资料生成会议通知

通知是企业、组织或团体向员工、成员传递信息的一种有效手段。一份撰写得当的通知，能够迅速地将重要信息传达出去，不仅能有效提升工作效率，促进团队合作，还能确保大家的行动和决策保持高度一致。

由于各类通知的结构存在差异，因此在利用 AIGC 生成通知时，应当根据具体通知的类型逐一列出各个要点。使用 AIGC 生成会议通知的提示词参考结构如下。

请根据以下资料撰写一份会议通知。

会议主题：【简明扼要地描述会议的主题】。

会议时间：【会议的日期和时间】。

会议地点：【会议的举办地点】。

参会人员：【列出需要参会的人员或部门】。

会议议程：【简要描述会议议程】。

特别说明：【任何特殊要求或注意事项】。

【案例 2-3】根据提供的资料生成会议通知

公司财务部决定于 2024 年 12 月 10 日召开年度财务总结会议。为确保会议通知的撰写快速且准确，夏明决定采用 AIGC 工具来生成该通知。

（1）在 AIGC 工具中输入以下提示词。

请根据以下资料撰写一份会议通知。

会议主题：年度财务总结会议。

会议时间：2024 年 12 月 10 日上午 10:00～12:00。

会议地点：公司总部 5 楼会议室 A。

参会人员：财务部全体成员、各部门经理。

会议议程：

10:00～10:15 开场致辞；

10:15～11:00 财务数据汇报；

11:00～11:30 各部门经理反馈；

11:30～12:00 明年预算讨论。

特别说明：请参会人员提前准备相关材料，会议准时开始。

（2）AIGC 工具的回复如下。

【会议通知】

主题：年度财务总结会议

尊敬的各位参会人员：

您好！

为了确保公司财务工作的顺利总结与规划，特此通知召开"年度财务总结会议"。具体安排如下。

会议时间：2024年12月10日（星期二）上午10:00～12:00。

会议地点：公司总部5楼会议室A。

参会人员：

- 财务部全体成员；
- 各部门经理。

会议议程：

1. 10:00～10:15 开场致辞
- 由公司高层领导开场致辞，回顾过去一年的财务概况。
2. 10:15～11:00 财务数据汇报
- 财务部将详细汇报本年度财务状况，包括收入、支出、利润等关键指标并进行分析。
3. 11:00～11:30 各部门经理反馈
- 各部门经理就财务数据进行反馈，并提出建议或疑问。
4. 11:30～12:00 明年预算讨论
- 集体讨论并初步规划下一年度的财务预算及应对策略。

特别说明：

- 请各位参会人员提前准备相关材料，包括但不限于部门财务报告、预算草案等，以便会议高效进行；
- 会议将准时开始，请务必按时到场，以免错过重要内容。

请您收到此通知后，做好相应准备，并准时参加会议。如有任何疑问或需要进一步的信息，请随时与财务部联系。

感谢您的配合与支持！

祝工作顺利！

【公司财务部】

【发布日期】：[请填写发布当日日期]

除了AIGC工具的对话模式能够生成职场应用文外，互联网上还有很多专门的AI文案写作工具。同时，一些AIGC工具也有专门的文案写作功能，如文心一言的创意写作功能，在"日常办公"部分提供了多种职场应用文，如图2-2所示。使用这种功能来辅助创作职场应用文会更加方便快捷，在下方的提示词模板中填入相应的内容即可，但灵活性和应用范围不及对话模式。

多学一招

图2-2　文心一言的创意写作功能

2.3 AIGC 营销文案创作

在竞争激烈的市场营销环境中，创作出既能触动人心又能促进销售的营销文案是获得竞争优势的关键。然而，对经验不足的人来说，这一任务往往显得尤为艰巨。AIGC 以其智能化、个性化的特性，能够紧密围绕品牌核心理念与市场需求，辅助创作者创作出独具魅力的营销文案。

下面以 AIGC 创作品牌故事、产品推广文案和产品评测为例，讲解使用 AIGC 工具创作营销文案的方法。

▶▶▶ 2.3.1 品牌故事

品牌故事是品牌或企业为传达其核心价值、使命、愿景以及独特卖点而精心构建的一系列叙述或情节。它不仅仅是关于产品或服务的描述，更是关于品牌如何诞生、成长，以及如何与目标受众建立联系的故事。品牌故事能够引起目标受众的情感共鸣，提高目标受众对品牌的忠诚度，让品牌在竞争激烈的市场中脱颖而出。

利用 AIGC 创作品牌故事，首先需输入品牌的核心价值、历史沿革、独特卖点及目标受众等信息。AIGC 会分析这些数据，挖掘品牌背后的情感与理念，然后创作出一个引人入胜的品牌故事。

提示词参考结构如下。

> 请根据以下资料创作一个品牌故事。
> 背景设定：提供故事的背景信息。
> 品牌起源：介绍品牌的创立背景、初衷或灵感来源。
> 发展历程：简述品牌从创立到成长的重要节点和关键事件。
> 品牌理念：阐述品牌的核心价值观、使命或愿景。
> 产品特色：描述品牌产品或服务的独特之处。
> 客户故事：分享一两个客户的真实故事。
> 未来展望：对品牌的未来发展方向或愿景进行展望。

【案例 2-4】根据提供的资料生成缘绣的品牌故事

缘绣，作为蜀绣领域的一颗璀璨明珠，承载着深厚的文化底蕴并展现了精湛的手工艺术。为更有效地表现缘绣的品牌魅力，深入挖掘并广泛弘扬蜀绣的独特价值，公司决定采取一种创新的方式来构思与撰写品牌故事。鉴于此，公司高层经过深思熟虑，选择采用 AIGC 工具来辅助创作。

根据提供的资料生成缘绣的品牌故事

（1）在 AIGC 工具中输入以下提示词。

> 请根据以下资料创作一个品牌故事。
> 背景设定：在巴蜀之地，山川云雾间孕育了蜀绣这门精湛的手工艺。在这片充满灵性的土地上，缘绣品牌静静绽放。
> 品牌起源：缘绣故事，源自一位热爱蜀绣的年轻绣娘——阿秀。她敬畏每针每线，视之为天意所至，刺绣间皆结不解之缘。遂以"绣"传情，以"缘"为引，创立了缘绣品牌。
> 发展历程：缘绣从一个小小的工作室起步，如今已发展壮大为拥有众多绣娘与具有广

泛影响力的品牌。

　　品牌理念："绣"结"缘"，是缘绣品牌的核心价值观。

　　产品特色：精选优质丝绸与绣线，运用独特的针法及色彩搭配，绣出细腻、逼真的图案。

　　客户故事：有一位远道而来的客户，被一幅精美的蜀绣作品所吸引，这幅作品让她想起了自己的故乡。于是，她决定将这幅作品带回家，作为对故乡的一份思念和纪念。

　　未来展望：未来，缘绣将继续秉承"绣"结"缘"的品牌理念，不断探索和创新蜀绣技艺。

（2）AIGC工具的回复如下。

　　在巴蜀之地的深处，山川如画，云雾缭绕，仿佛天地间灵动的气息都汇聚于此。在这片古老而神秘的土地上，孕育了一种流传千年的手工艺——蜀绣。它不仅是针与线的艺术，更是情与缘的交织。在这片充满灵性的土地上，有一个品牌静静地绽放，它就是缘绣。

　　故事的主角是一位名叫阿秀的年轻绣娘。阿秀自小便对蜀绣怀有无比的热爱和敬畏，她相信每一针每一线都是天意所至，每一次刺绣都是与命运的不解之缘。她的手指灵巧地在绸缎上跳跃，仿佛能读懂丝线背后的语言，将山川的秀美、花鸟的灵动绣得栩栩如生。阿秀梦想着能够通过自己的双手，将这份美好传递给更多的人，于是，缘绣品牌应运而生。

　　起初，缘绣只是一个小小的工作室，阿秀独自一人在这里倾注心血，每一幅作品都凝聚着她的情感与汗水。但凭借着精湛的技艺和独特的审美，缘绣逐渐在巴蜀之地崭露头角。人们被这些细腻逼真、色彩斑斓的蜀绣作品所吸引，仿佛能看到山川云雾、花鸟鱼虫的灵动与生机。

　　随着时间的推移，缘绣不断发展壮大，吸引了越来越多的绣娘加入。她们共同传承着这门古老的手工艺，同时不断创新，将现代审美融入传统技艺之中。缘绣的影响力逐渐扩大，从巴蜀之地走向全国，甚至吸引了世界各地的目光。

　　在缘绣的众多客户中，有一位远道而来的女士尤为引人注目。她走进缘绣的展厅，瞬间被一幅精美的蜀绣作品所吸引。那幅作品绣的是巴蜀的山川风光，云雾缭绕间透出几分朦胧之美。女士凝视着这幅作品，仿佛看到了自己遥远的故乡。那一刻，她决定要将这幅作品带回家，作为对故乡的一份思念和纪念。

　　缘绣不仅成为人们传递情感、纪念美好瞬间的载体，更成为连接过去与未来、传统与现代的桥梁。阿秀和她的团队深知这份责任与使命，她们将继续秉承"绣"结"缘"的品牌理念，不断探索和创新蜀绣技艺。她们相信，只有用心去绣，才能绣出真正的缘分；只有用情去传，才能让这份美好永远流传。

　　展望未来，缘绣将继续在蜀绣的道路上砥砺前行。她们将不断挖掘巴蜀之地的文化底蕴，将更多的元素融入蜀绣之中；同时，她们也将积极拥抱现代科技，让这门古老的手工艺焕发新的生机与活力。在"绣"结"缘"品牌理念的引领下，缘绣将成为巴蜀之地乃至全世界的一张亮丽名片。

▶▶▶ 2.3.2　产品推广文案

　　产品推广文案是为促进产品销售或提高品牌知名度而撰写的文本内容。它通常包括产品的特点、优势、使用场景、消费者受益点等信息，旨在吸引潜在目标受众的注意力，激发其购买欲望，并最终促成交易。优秀的产品推广文案能够精准定位目标受众，用富有感染力的语言传达产品价

根据提供的资料生成米华智能手环产品推广文案

值，同时建立品牌与目标受众之间的情感连接。

使用 AIGC 生成产品推广文案的提示词参考结构如下。

请根据以下资料生成一篇产品推广文案。

背景信息：简要描述产品的背景信息。

目标描述：明确生成内容的具体目标和要求。

产品特点：列出产品的核心功能和特点。

目标受众：描述目标消费者群体。

推广角度：确定推广文案的创作角度。

风格与格式：指定文案的风格和格式。

【案例 2-5】根据提供的资料生成米华智能手环产品推广文案

米华科技公司近期研发出一款功能全面的智能手环，该手环巧妙融合了健康监测、运动追踪以及智能提醒三大核心功能。为更有效地传达产品价值，提升品牌影响力，并精准触达目标消费者，米华科技公司决定采用 AIGC 工具来辅助撰写产品推广文案。

（1）在 AIGC 工具中输入以下提示词。

请根据以下资料撰写一篇产品推广文案。

背景信息：在智能穿戴设备日益普及的今天，米华科技公司推出了一款集健康监测、运动追踪与智能提醒等功能于一体的智能手环。

目标描述：生成一篇旨在吸引年轻职场人士的产品推广文案，强调产品的便捷性、实用性和时尚感。

产品特点。

1. 24 小时心率监测，随时关注您的健康状况。

2. 精准步数统计，记录您的每日运动量。

3. 智能提醒功能，不错过任何重要信息。

4. 时尚的外观设计，多种颜色可选，适合在不同场合佩戴。

目标受众。

1. 年龄段：20～35 岁。

2. 身份：年轻职场人士。

3. 兴趣爱好：健身、科技、时尚。

推广角度。

1. 强调手环在忙碌工作中的便捷性，帮助消费者轻松管理健康与日程安排。

2. 突出手环的时尚感，可以作为日常穿搭的时尚配饰。

风格与格式。

1. 风格：轻松、活泼、具有感染力。

2. 格式：标题+正文（包含产品介绍、消费者受益点、行动号召）。

（2）AIGC 工具的回复如下。

米华智能手环：让健康与时尚同行，职场新宠来袭！

在这个快节奏的时代，作为年轻职场达人的你，是否常常在忙碌中忽略了自己的健康？是否渴望有一款既能助力工作又能彰显个性的智能装备？米华智能手环，专为追求高效与时尚的你量身打造，健康监测、运动追踪与智能提醒统统不在话下！

24 小时心率监测，健康小管家随时在线

告别烦琐的健康检查，米华智能手环 24 小时不间断守护你的心跳。无论是紧张的工作会议，还是轻松的午后时光，只需轻轻一瞥，就能掌握自己的健康状态，让关爱无处不在。

精准步数统计，运动成果一目了然

每天走了多少步？跑了多少公里？米华智能手环都能精准记录。设定你的运动目标，让每一次挥汗如雨都有据可依，激励自己不断突破，保持活力满满！

智能提醒功能，重要信息绝不遗漏

会议提醒、来电显示、信息推送……米华智能手环化身你的私人助理，确保你在繁忙的工作中也能井然有序，再也不怕错过任何一个重要瞬间。

时尚外观设计，个性色彩随心选择

拒绝千篇一律，米华智能手环以时尚之名，推出多种潮流色彩。无论是简约黑、清新蓝，还是活力橙，总有一款米华智能手环能完美匹配你的穿搭风格，无论是商务洽谈还是休闲时光，它都能成为你手腕上的亮点。

想象一下，在繁忙的办公室里，你佩戴着这款既实用又时尚的智能手环，不仅轻松管理着自己的健康与日程安排，还收获了同事们羡慕的目光。这不仅仅是一款智能手环，更是你职场生涯中的得力伙伴和日常穿搭的时尚配饰。

行动号召

别等了，是时候给自己的生活加点"智"造力了！立即抢购米华智能手环，让健康与时尚伴你左右，开启智慧生活新篇章！让我们一起，用科技的力量拥抱更加美好的自己！

选择米华智能手环，让每一步都充满能量，每一天都精彩纷呈！

▶▶▶ 2.3.3　产品评测

根据提供的资料生成智能手机产品评测

产品评测是全面、客观、深入地分析与评价某一产品或服务，旨在为消费者提供购买决策的依据。产品评测内容通常包括产品的外观、性能、功能、易用性、耐用性、性价比等多个方面，有时还会涉及消费者反馈、市场对比等信息。产品评测旨在帮助消费者了解产品的真实情况，避免盲目消费，同时有助于企业了解产品的优势与不足，以便进行改进。

使用 AIGC 工具生成产品评测时，构建一个清晰、全面的提示词结构对于确保生成内容的质量和准确性至关重要。以下是一个产品评测的提示词参考结构。

请根据以下资料撰写一篇产品评测。

产品基本信息：产品名称、品牌、类型、目标消费者群体等。

外观与设计：产品外观、材质和做工、设计理念、便捷性等。

性能与功能：技术性、消费者体验、可靠性、耐用性、电池续航、主要功能等。

性价比：产品价格、与其他同类产品的对比等。

优点：产品的突出优点、让人满意的部分、对消费者的实际帮助等。

缺点：产品的不足之处、使用过程中遇到的问题或局限性、改进建议。

总结与建议：综合评价、适合的消费者群体、是否推荐购买。

【案例2-6】根据提供的资料生成智能手机产品评测

徐晓燕最近需要评测品牌 X 的 Y 型号智能手机，并需要撰写一份高质量的产品评测。为更高效、精准地完成这一任务，她决定借助 AIGC 工具来撰写。

（1）在 AIGC 工具中输入以下提示词。

请根据以下资料撰写一篇产品评测。

产品基本信息：新款智能手机，品牌 X，型号 Y。

外观与设计：全面屏设计，金属边框，玻璃后盖，提供多种颜色，外观时尚。

性能与功能：搭载最新处理器，内存为 6GB，存储空间为 128GB，支持 5G 网络，支持无线快充。

性价比：价格区间 2000~3000 元，在同等配置的智能手机中，价格较为亲民，性能卓越，性价比高。

优点：操作系统流畅，界面友好，指纹识别和面部解锁速度快，屏幕和机身耐摔，电池寿命长。

缺点：在品牌知名度和部分高端功能上，该款智能手机略逊一等。

总结与建议：综合评价 4.5 分，适合追求性价比和实用性的消费者。

（2）AIGC 工具的回复如下。

产品评测：品牌 X 的新款 Y 型号智能手机

在当今竞争激烈的智能手机市场中，品牌 X 推出的新款 Y 型号智能手机以其均衡的性能和亲民的价格吸引了众多消费者的关注。本次评测将全面解析这款手机的外观与设计、性能与功能、性价比以及优缺点，以供大家参考。

外观与设计

新款 Y 型号智能手机采用了当下流行的全面屏设计，边框极窄，屏幕占比高，为消费者提供了更加沉浸的视觉体验。金属边框和玻璃后盖不仅提升了手机的整体质感，还确保了结构的坚固性。此外，品牌 X 提供多种颜色选择，能够满足不同消费者的个性化需求。整体来看，这款手机在外观与设计上紧跟潮流，时尚而不失稳重。

性能与功能

在硬件配置方面，新款 Y 型号智能手机搭载了最新的处理器，确保手机的流畅运行，无论是日常使用还是大型游戏都能轻松应对。6GB 的内存和 128GB 的存储空间，对大多数消费者来说已足够日常使用。此外，支持 5G 网络是这款手机的一大亮点，能让消费者在未来网络升级时无须更换设备。无线快充功能的加入，更是提升了充电的便捷性。

性价比

在 2000~3000 元的价格区间内，新款 Y 型号智能手机的配置无疑是非常具有竞争力的。与同等配置的手机相比，它的价格更为亲民，而性能却毫不逊色。对追求性价比的消费者来说，这款手机无疑是一个不错的选择。

优点

- 操作系统流畅：得益于强大的硬件支持，手机的操作系统运行极为流畅，无卡顿现象。
- 界面友好：界面设计简洁明了，易于上手，无论是新用户还是老用户都能快速适应。
- 解锁速度快：指纹识别和面部解锁功能响应迅速，提高了手机的安全性和使用便捷性。
- 耐摔性：屏幕和机身材质选择得当，具有一定的耐摔性，减少了意外跌落造成的损坏风险。
- 电池寿命长：大容量电池配合优化后的电源管理系统，使得手机续航时间显著提升。

缺点

- 品牌知名度：与一线品牌相比，品牌 X 在知名度上还有待提升，这可能会影响部分消费者的选择。
- 高端功能缺失：虽然新款 Y 型号智能手机在基础功能上表现出色，但在某些高端功能（如专业级摄影模式、防水防尘等）上仍有所欠缺。

总结与建议

综上所述，品牌 X 的新款 Y 型号智能手机在外观、性能、性价比等方面都表现出色，尤其适合追求性价比和实用性的消费者。虽然它品牌知名度不高，在部分高端功能上略有不足，但考虑到其亲民的价格和卓越的性能，这些缺点不足以阻碍其成为一款出色的手机。因此，我们给予这款手机 4.5 分的综合评价，并推荐给正在寻找高性价比智能手机的消费者。

除了可以使用大语言模型平台来创作各种文案外，还有一些专门的 AI 文案创作平台，如讯飞绘文，这些平台擅长创作各类文案。讯飞绘文不仅可以创作各种类型的文案，还可以自动配图和排版，如图 2-3 所示。

多学一招

图 2-3　使用讯飞绘文创作文案

2.4　AIGC 新媒体文案创作

随着新媒体的快速发展，新媒体文案创作已成为营销传播中不可或缺的一环。创作出既吸引眼球又能引发读者共鸣的内容，成为内容创作者的核心竞争力，但这对缺乏经验的创作者而言，无疑是一道难以逾越的门槛。然而，随着 AIGC 技术的不断革新，这一难题逐渐找到了破解之道。AIGC 凭借其高度智能化和个性化的能力，能够准确把握品牌的独特气质与受众的情感需求，创造出既新颖又贴切的文案作品。

下面以 AIGC 创作小红书笔记、公众号文章和朋友圈文案为例，讲解使用 AIGC 工具创作新媒体文案的方法。

▶▶▶ 2.4.1　小红书笔记

小红书笔记是小红书平台上用户分享的内容，通常包括文字、图片、视频等元素，内容涵盖美妆、时尚、旅行、美食、家居、科技等多个领域。笔记以用户个人体验、心得分享为主，旨在为其他用户提供有价值的信息和购物参考，同时为品牌和产品提供曝光和推广的机会。

使用 AIGC 工具生成小红书文案的提示词参考结构如下。

主题：要分享的主要信息或故事核心。

关键词：与主题相关的词汇。

情感基调：所要传达的情感或氛围，比如快乐、悲伤、激励、怀旧等。

问题框架：通过提出问题来引导读者思考和参与的一种方式。

使用场景：笔记内容适用的具体场合或情境。

写作风格：笔记的语言风格和表达方式，如幽默、正式、亲切等。

互动元素：鼓励读者参与和互动的元素，如提问、评论、分享或者参与挑战等。

【案例 2-7】使用通义创建"小红书文案生成与配图"智能体，并生成"面膜产品的使用体验"小红书笔记的文案和配图。

黄娟在日常工作中经常需要撰写小红书笔记，并为这些内容搭配合适的图片。为提高工作效率，同时确保笔记内容的新颖性和图片的贴切性，她决定利用通义平台创建一个"小红书文案生成与配图"智能体，然后使用该智能体生成"面膜产品的使用体验"小红书笔记的文案和配图。

使用通义创建"小红书文案生成与配图"智能体，并生成"面膜产品的使用体验"小红书笔记的文案和配图

（1）在通义网站首页单击"智能体"按钮，在打开的页面中单击"创建我的智能体"按钮。打开"创建智能体"页面，单击"自由创建"按钮。

（2）在打开的页面中设置名称为"小红书文案生成与配图"，单击"一键生成"按钮生成"设定"的内容，然后修改"设定"的内容使其符合自己的实际需求，将"权限"设为"私密·仅自己可见可使用"，如图 2-4 所示。

（3）单击"高级设置"按钮，打开"高级设置"区域。设置智能体的简介和开场白，并在"技能"栏中选中"文生图"和"网页搜索"选项，如图 2-5 所示。然后单击"创建"按钮创建智能体。

图 2-4　设置名称、设定和权限

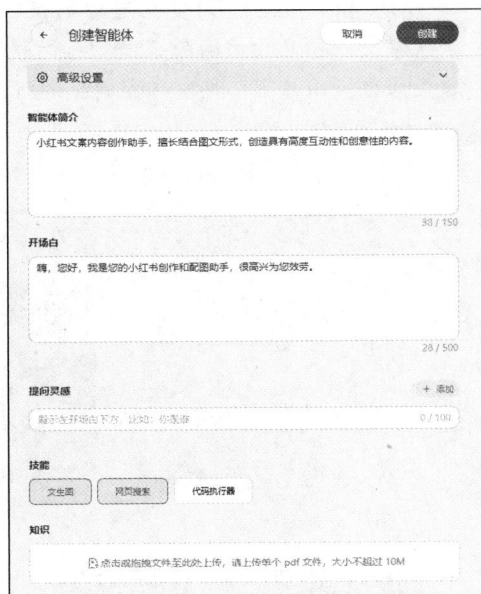

图 2-5　高级设置

（4）返回"智能体"页面，选择"小红书文案生成与配图"智能体，然后在文本框中输入以下提示词。

根据以下资料撰写一篇小红书笔记。

主题：面膜产品的使用体验。

关键词：面膜、补水、保湿、晚间护肤。

情感基调：放松、享受、自我呵护。

问题框架：如何在干燥的季节保持肌肤水润？

使用场景：睡前护肤仪式。

写作风格：亲切、分享型。

互动元素：邀请读者分享他们的晚间护肤秘籍。

（5）单击"提交"按钮⚫，生成小红书笔记的文案和配图。

【晚间护肤秘籍】干燥季节的肌肤救星——面膜补水保湿体验分享

亲爱的小伙伴们，大家晚上好呀～

随着天气逐渐变冷，干燥的空气让我们的皮肤也开始"抗议"了。每到这个季节，我最关心的就是如何保持肌肤水润，不让干燥的天气"夺走"我们的好气色。今天就来跟大家分享一下我的睡前护肤仪式中不可或缺的一部分——面膜。

【睡前护肤仪式】夜晚是肌肤修复的黄金时间，在一天的忙碌后，没有什么比做一次深度的自我呵护更让人感到放松和享受了。我会先将脸彻底清洁干净，然后轻轻涂抹上一层爽肤水，为肌肤补充初步的水分。接着就是重头戏啦！我最喜欢的环节——敷面膜。

【面膜使用体验】最近我一直在用一款特别适合干燥季节的补水保湿面膜，它不仅质地轻盈，而且贴合度非常好，就像给肌肤穿上了一件隐形的水润衣。每次敷完面膜，我都能明显感觉到肌肤变得饱满、柔软，仿佛喝饱了水一样。这不仅仅是一次简单的护肤过程，更是一段与自己独处的宁静时光，让我从繁忙的生活中暂时解脱出来，享受片刻的宁静。

【邀请你一起交流】不知道你们在干燥的季节里有没有什么特别的晚间护肤秘籍呢？是否也像我一样喜用面膜来进行夜间护理？欢迎在评论区留下你的想法和经验～让我们一起成为更好的自己，拥有水润健康的肌肤吧！

#晚间护肤 #面膜 #补水保湿 #干燥季节 #护肤心得

（温馨提示：每个人的皮肤状况不同，请根据自己的实际情况选择合适的产品。）

▶▶▶ 2.4.2 公众号文章

公众号文章是指在微信公众号平台上发布的图文信息。这类文章通常用于传递信息、分享知识、推广产品或服务、建立品牌形象等。公众号文章可以包含文字、图片、视频、音频等多种形式的内容，以吸引读者的注意力并提高阅读量。

使用AIGC工具生成公众号文章的提示词参考结构如下。

请根据以下资料撰写一篇关于【文章标题】的公众号文章。

主题：文章的中心议题。

风格：文章的语气和表达方式。

结构：文章的组织架构，包括引言、正文和结尾等。

目标受众：文章的目标读者群体，如职场人士、学生、家庭主妇等。

关键词：与文章主题紧密相关的词汇。

【案例2-8】使用讯飞星火"写作助手"智能体生成"如何有效管理时间"公众号文章

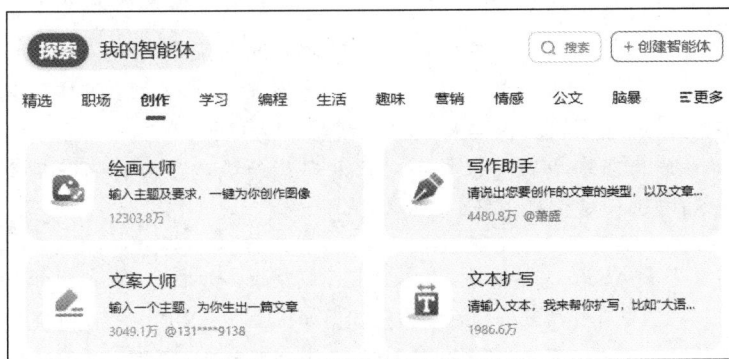

为更有效地撰写一篇题为"如何有效管理时间"的公众号文章，范晓燕决定借助讯飞星火的"写作助手"智能体来进行创作。

使用讯飞星火"写作助手"智能体生成"如何有效管理时间"公众号文章

（1）在讯飞星火主页面中，打开"我的智能体"下拉列表，选择"更多智能体"选项，在打开的页面中单击"创作"选项卡，然后单击"写作助手"，如图2-6所示。

图2-6　单击"写作助手"

（2）在打开的"写作助手"页面的文本框中输入如下提示词。

请根据以下资料撰写一篇关于"如何有效管理时间"的公众号文章。

主题：时间管理。

风格：实用、激励。

结构：引言、时间管理的技巧、总结。

目标受众：职场人士。

关键词：时间管理、效率、优先级、工作与生活的平衡。

（3）单击"提交"按钮 ⬆，生成公众号文章。

【职场加油站】掌握时间管理技巧，开启高效人生

引言

在职场的快节奏工作中，我们常常感到时间如白驹过隙，一眨眼就到了下班时间，却发现自己手头的工作还未完成。面对堆积如山的任务，你是否也曾感到焦虑与无助？别担心，今天我们就来聊聊如何有效管理时间，让你更加游刃有余地工作和生活。

一、时间管理的技巧

1. 设定优先级

面对多项任务，首先要做的是对它们进行优先级排序。紧急且重要的任务优先处理，次要的则可以适当延后。使用"四象限法则"（紧急重要、紧急不重要、不紧急重要、不紧急不重要）能帮助你更好地分配时间和精力。

2. 制订详细计划

每天上班前，花几分钟时间列出当天需要完成的任务清单，并为每个任务设定具体的时间段。这样做不仅能让你的工作更有条理，还能有效避免拖延。

3. 学会拒绝

在职场上，学会说"不"是一门艺术。面对不必要的会议、与自己无关的任务请求，勇敢地表达自己的时间和精力有限，能帮助你专注于真正重要的事情。

4. 利用碎片时间

等公交、排队、午休前的几分钟……这些看似微不足道的碎片时间，其实是提升自我的宝贵机会。你可以利用这些时间阅读或进行简单的身体锻炼。

5. 定期复盘

每周或每月，花点时间回顾自己的时间管理情况，看看哪些方法有效，哪些方面需要改进。通过不断调整和优化，你会发现自己越来越擅长管理时间。

二、总结

时间管理不是一门高深的学问，但它却能为你的职业生涯带来翻天覆地的变化。通过设定优先级、制订详细计划、学会拒绝、利用碎片时间和定期复盘，你也能成为管理时间的高手。记住，高效并不意味着要牺牲生活，而是要在工作与生活中找到完美的平衡点。让我们从现在做起，用时间管理开启高效、充实的人生吧！

希望这篇文章能为职场中的你带来一些启发和帮助。记住，时间是很宝贵的资源，学会管理它，你将拥有更加精彩的人生。

许多 AIGC 工具提供了大量的提示词模板，如果用户不知道如何设计提示词，可以在其中选择所需的提示词模板。例如，文心一言的"一言百宝箱"。在文心一言网页中单击"百宝箱"按钮，打开"一言百宝箱"页面，在其中选择一个提示词模板，单击该提示词模板右下角的"使用"按钮，将其添加到文本框中，再将其中的关键内容修改为自己所需的内容，如图 2-7 所示。

多学一招

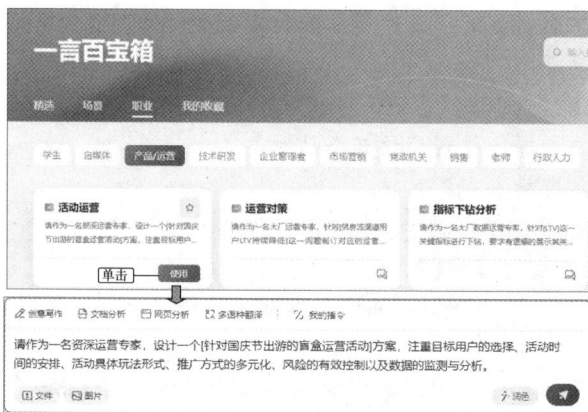

图 2-7　使用"一言百宝箱"页面中的提示词模板

▶▶▶ 2.4.3　朋友圈文案

朋友圈文案是用户在微信朋友圈发布的内容，用于表达个人情感、分享生活点滴、展示个人思考、评论时事热点等。这些内容通常以文字、图片、视频等形式呈现，旨在与好友进行互动和交流。

使用 AIGC 工具生成朋友圈文案的提示词参考结构如下。

> 根据以下资料生成一条朋友圈文案。
>
> 主题：文案的核心主题，如旅行、美食、节日庆祝等。
>
> 情感/语气：文案的情感/语气，如愉快、激励、幽默等。
>
> 风格：文案的风格，如诗意、现代、口语化等。
>
> 关键词：与主题相关的关键词或短语，如阳光、沙滩、美食、团圆等。
>
> 目标受众：文案的目标受众，如朋友、家人、同事等。
>
> 长度：指定文案的大致长度，如简短、中等、详细等。
>
> 时效性：如果文案与特定的时间点相关，如节日、纪念日等，可以提及。
>
> 个性化元素：个人化的信息，如我的名字、我的宠物、我的旅行经历等。
>
> 结尾：文案的结尾方式，如开放式、总结式、呼吁式等。
>
> 其他要求：任何其他特殊要求或注意事项。

【案例 2-9】使用提供的资料生成"周末郊游"朋友圈文案

夏莹莹周末带着她的爱犬"豆豆"享受了一次欢乐的郊游。为了与朋友们分享这段美好的经历，并希望能更生动、准确地表达自己的快乐，她决定借助 AIGC 工具来精心撰写朋友圈文案。

（1）在 AIGC 工具中输入以下提示词。

> 根据以下资料生成一条朋友圈文案。
>
> 主题：周末郊游。
>
> 情感/语气：轻松愉快。
>
> 风格：口语化。
>
> 关键词：自然、放松、野餐、阳光。
>
> 目标受众：朋友和家人。
>
> 长度：详细。
>
> 时效性：适合周末分享。
>
> 个性化元素：我的宠物狗"豆豆"也加入了这次郊游。
>
> 结尾：呼吁式，问大家周末有什么计划。
>
> 其他要求：避免使用复杂的词汇，保持文案通俗易懂。

使用提供的资料
生成"周末郊游"
朋友圈文案

（2）AIGC 工具的回复如下。

> 嘿！小伙伴们，这周末我可是过足了自然瘾！带着我家那位四脚吞金兽"豆豆"，一起来了一场说走就走的郊游～
>
> 目的地阳光灿烂，感觉整个人都被阳光包围了！我们在一片开阔的草地上铺开野餐垫，摆上带来的小零食，还有妈妈亲手做的三明治，简直美味到"飞起"！豆豆也超级开心，满草地撒欢儿，偶尔还过来蹭点好吃的，那小模样别提多逗了！
>
> 吃饱喝足，我们沿着林间小道散步，深呼吸一口，满满都是大自然的清新空气～树木葱葱，鸟语花香，所有的烦恼好像都被风吹跑了，只剩下心里的那份宁静和放松。
>
> 这种远离城市喧嚣，和大自然亲密接触的感觉真是太棒了！如果你也厌倦了日复一日的忙碌，不妨也找个时间，给自己放个小假吧！
>
> 所以，各位亲朋好友，你们的周末有什么好玩儿的计划吗？是不是也像我一样，准备带着家里的宝贝（不管是人还是宠物），去享受一番户外时光呢？快来分享一下吧，说不定

咱们还能组个局，一起玩呢！

#周末郊游 #放松时刻 #豆豆的探险日记

互联网中有很多专门针对新媒体文案创作的 AIGC 工具，如 360AI 写作中就提供了大量的小红书文案和新媒体文案创作工具，如图 2-8 所示。

图 2-8　360AI 写作提供的小红书文案和新媒体文案创作工具

多学一招

2.5　综合实践

本章主要讲解了 AIGC 文案创作基础、AIGC 职场应用文创作、AIGC 营销文案创作、AIGC 新媒体文案创作。为加深读者对本章知识的理解与提高读者的实际应用能力，接下来，将通过"清柔洗发露短视频脚本"案例，具体展示如何巧妙地运用所学知识，帮助读者在实际操作中灵活掌握并巩固本章的知识点。

▶▶▶ 2.5.1　实践背景

李晓燕需要拍摄一个介绍清柔洗发露的短视频，以吸引目标消费者的注意并提升产品知名度。为高效地完成这一任务，她决定利用 AIGC 工具来生成短视频的标题和脚本。

▶▶▶ 2.5.2　实践思路

首先在文心一言中生成几个短视频标题，选择一个合适的标题并引用，然后用该标题生成短视频脚本，其操作思路如图 2-9 所示。

生成短视频的标题和脚本

生成短视频脚本的完整回复

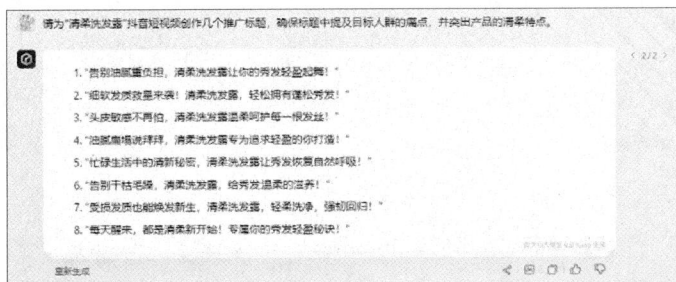

1. 使用AIGC工具生成短视频标题
平台：文心一言。
提示词：请为"清柔洗发露"抖音短视频创作几个推广标题，确保标题中提及目标人群的痛点，并突出产品的清柔特点。

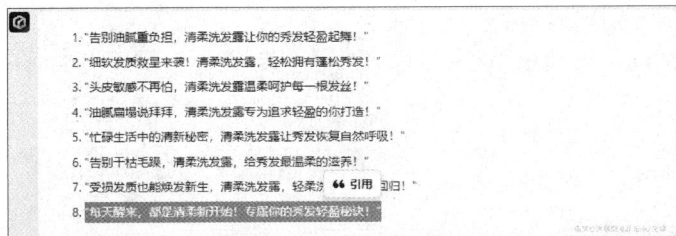

2. 选择一个标题并引用

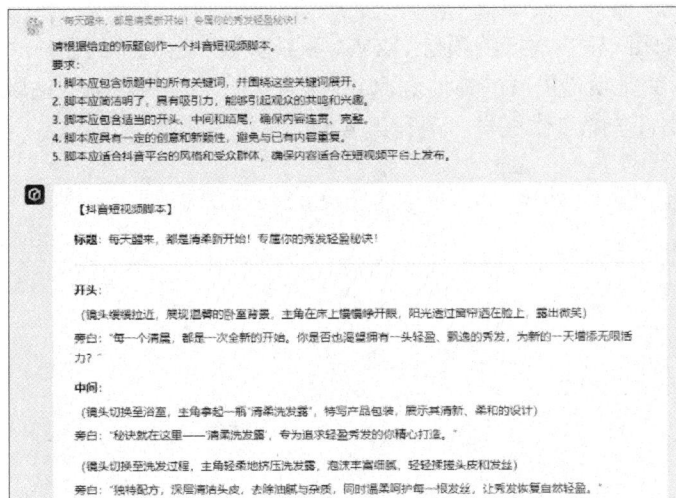

3. 使用AIGC工具生成短视频脚本
平台：文心一言。
提示词：请根据给定的标题创作一个抖音短视频脚本。
要求如下。
（1）脚本应包含标题中的所有关键词，并围绕这些关键词展开创作。
（2）脚本应简洁明了，具有吸引力，能够引起目标人群的共鸣和兴趣。
（3）脚本应包含适当的开头、中间和结尾，确保内容连贯、完整。
（4）脚本应具有一定的创意和新颖性，避免与已有内容重复。
（5）脚本应适合抖音平台的风格和受众群体，确保内容适合在短视频平台上发布。

图 2-9　操作思路

2.6　课后习题

1. 填空题

（1）AIGC 文案创作的优势主要体现在_____、_____、_____和_____4 个方面。

（2）AIGC 文案创作通过_____和_____技术，能够快速掌握并模仿不同行业、不同风格的写作规范。

（3）AIGC 在优化文字质量方面，能够识别并修正文案中的_____和_____。

2. 单选题

（1）AIGC 文案创作技术主要依赖于（　　）技术。

A. 图像处理　　　　　　　　　B. 自然语言处理

C. 机器学习　　　　　　　　　D. 数据挖掘

（2）在 AIGC 文案创作中，风格主要用于确定文案的（　　　）。

A. 核心内容　　　　　　　　　　B. 表达方式

C. 结构框架　　　　　　　　　　D. 数据来源

（3）在撰写产品评测时，通常不包括（　　　）方面的内容。

A. 外观与设计　　　　　　　　　B. 性能与功能

C. 用户反馈　　　　　　　　　　D. 品牌故事

3. 操作题

（1）茗香阁是一家专注于高端茶叶销售的网店，计划在五一劳动节期间实施一项营销活动。请利用 AIGC 工具生成一份营销活动方案。

茗香阁营销
活动方案

安力运动鞋产品
推广文案

（2）安力新款运动鞋有浅桑葚紫、香槟棕色和古白色 3 种时尚色彩可选，鞋底厚度约 3.1 厘米，采用轻能发泡科技，轻便且耐用，适合标准脚型，可满足运动爱好者的运动需求。请利用 AIGC 工具生成产品推广文案。

（3）李思雨是一位项目经理，其团队正在进行的项目"XYZ 系统升级"已经持续了一个月。目前李思雨需要向团队发送一封关于项目进展的邮件。邮件中要简要介绍项目当前的进展情况，并提醒团队成员在下周一提交各自的工作报告。请利用 AIGC 工具生成邮件内容。

第 3 章
AIGC 辅助图像设计

随着人工智能技术的迅速发展，人工智能技术在艺术领域展现出惊人的潜力。通过分析和学习，人工智能可以生成模仿特定风格的原创艺术作品，甚至可以创造出新的艺术风格，生成视觉效果好且内涵丰富的作品，因此人工智能在艺术创作中不仅仅是一个工具，更代表着科技与创意的交融。本章主要介绍 AI 绘画的基础知识，以及 AIGC 工具在绘制插画、海报、Logo，产品设计和图像处理等方面的应用。

【学习目标】

知识目标
- 了解 AI 绘画的发展历程与关键技术。
- 熟悉常见的 AI 绘画工具。
- 掌握 AIGC 绘制插画、海报、Logo。
- 熟悉 AI 在产品设计和图像处理中的应用。

能力目标
- 能够运用 AIGC 工具进行图像设计。
- 能够设计有效的 AI 绘画提示词。
- 能够运用 AIGC 工具进行图像处理。

3.1 AI 绘画

AI 绘画是 AIGC 的一项重要应用，它借助机器学习和深度学习等技术，通过计算机自动生成具有艺术价值的图像。通过 AI 绘画，用户可以轻松地尝试各种各样的创意，创造出更加丰富的艺术作品。

3.1.1 认识 AI 绘画

AI 绘画的实质是利用 AI 算法进行绘画创作。具体而言，AI 算法会先从一组训练图像中提取信息并模仿其特征，然后根据这些信息和特征，独立创作出一幅全新的图像。

1. AI 绘画的发展历程

AI 绘画从最初的简单模仿到如今的独立创作，主要经历了以下 4 个发展阶段。

（1）萌芽期（20 世纪 50 年代～20 世纪 70 年代）

AI 绘画的起源可以追溯到 20 世纪 50 年代，当时计算机科学家开始尝试利用计算机生成图像。这一时期的 AI 绘画主要基于手工编写的程序和规则，计算机通过执行预设的算法和指令来生成图像。尽管此时生成的图像还非常粗糙，但这些早期尝试为后来的 AI 绘画奠定了基础。

（2）起步期（20 世纪 70 年代～20 世纪 90 年代）

在这一阶段，专家系统（一种模拟人类专家的决策过程来解决特定领域内的复杂问题的计算机系统）开始应用于 AI 绘画领域，这些系统能够通过分析大量已知数据中的规律来生成作品。虽然这些作品仍然相对简单，但它们展现出了 AI 绘画的潜力。同时，计算机视觉的兴起也为 AI 绘画带来了新的发展机遇，研究者们开始尝试使用计算机视觉技术从图像中提取特征，再利用机器学习算法生成作品。

（3）发展期（20 世纪 90 年代～21 世纪 10 年代）

在这一阶段，深度学习技术的突破为 AI 绘画带来革命性的变化。在 AI 绘画领域，深度学习技术使得计算机能够自动学习和提取图像中的特征，生成逼真和多样化的作品。2012 年，谷歌的吴恩达和杰夫·迪恩使用深度学习技术训练出了一个模型，计算机通过该模型能够生成模糊的猫脸图像，如图 3-1 所示。

（4）快速发展期（21 世纪 10 年代至今）

在这一阶段，随着生成对抗网络的出现，AI 绘画作品的质量和生成效率得到显著提升。生成对抗网络通过生成器（Generator）和判别器（Discriminator）的对抗训练过程，不断优化生成器的绘画能力，能够生成更加逼真和多样化的图像。2022 年 8 月，游戏设计师杰森·艾伦使用 AI 绘画工具 Midjourney 创作的作品《太空歌剧院》在美国科罗拉多艺术博览会的年度艺术比赛中夺下首奖，引发广泛关注和讨论，如图 3-2 所示。

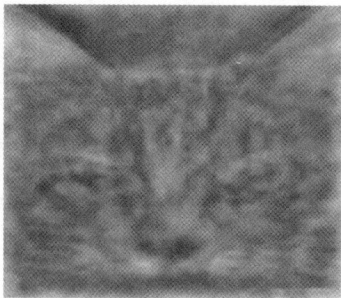

图 3-1　计算机生成的猫脸图像　　图 3-2　《太空歌剧院》杰森·艾伦

2. AI 绘画的关键技术

目前 AI 绘画所使用的技术主要有生成对抗网络模型和稳定扩散模型。

（1）生成对抗网络模型

生成对抗网络模型包括生成器和判别器两个核心组件，生成器负责创造图像，它会随机生成一系列图像样本。而判别器则负责评估这些图像的真实性，鉴别生成器生成的图像，并提供反馈。基于判别器的反馈，生成器会不断调整其生成策略，以生成更加逼真的图像。同时，判别器也在持续学习，增强自身对真实图像与生成图像的辨识能力。

这一过程类似于一个不断演化的生态系统，生成器与判别器在相互竞争与适应中不断提升各自的能力。通过生成器与判别器的相互对抗与协作，最终实现高质量图像的生成。在某些先进的 AI 绘画系统中，经过数千次甚至数万次的训练迭代后，其生成的图像已经让人类难以分辨真伪。

（2）稳定扩散模型

稳定扩散模型（Stable Diffusion Model，SDM）由法国数学家保罗·莱维于 1924 年提出，在 AI 绘画领域表现尤为突出。稳定扩散模型在训练时有两个核心过程，即前向扩散和逆向扩散。

- 前向扩散：前向扩散（Forward Diffusion）的功能是向训练图像中不断地添加噪声，使其逐渐变为一张纯噪声图。前向扩散的过程如图 3-3 所示。这一步的目的是让模型学习如何从噪声中重构出原始图像。

图 3-3　前向扩散的过程

- 逆向扩散：逆向扩散（Reverse Diffusion）的功能是从一张完全由噪声构成的图像出发，逐步消除噪声，最终重构出原始图像。为确保这一过程能够准确地重建图像，需要精确地了解每一步中添加的噪声量。这通常需要依赖一个噪声预测器来估计每一步中引入的噪声量，随后将这些预测的噪声从原始图像中剔除。通过多次重复这一过程，就能够获得越来越接近原始状态的图像。逆向扩散的过程如图 3-4 所示。

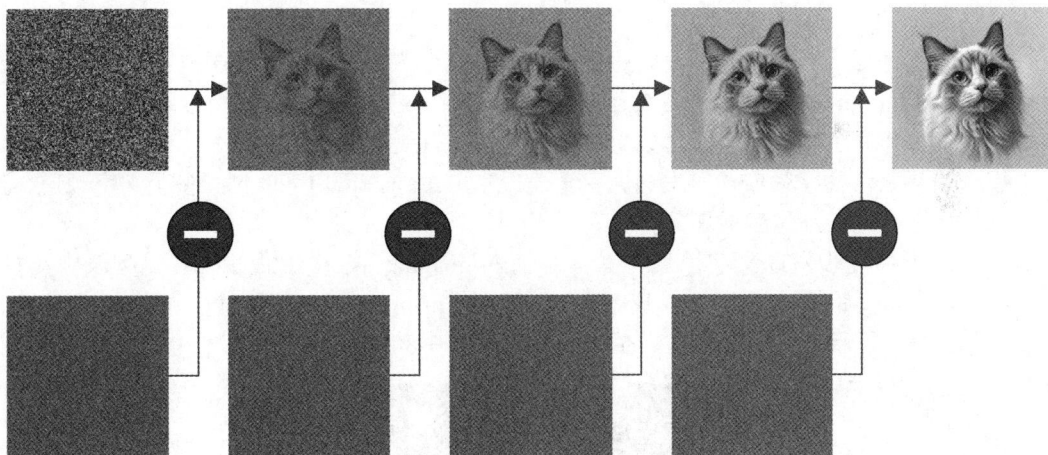

图 3-4　逆向扩散的过程

▶▶▶ 3.1.2　常见的 AI 绘画工具

目前，互联网中的 AI 绘画工具非常多，较为常用的主要有 Midjourney、Stable Diffusion、文心一言和通义万相等。

1. Midjourney

Midjourney 是一款部署在 Discord 平台上的应用程序，而 Discord 是一款即时通信软件。用户在使用 Midjourney 前，需要先安装 Discord，并注册账号，然后在 Discord 中添加 Midjourney 应用，Midjourney 界面如图 3-5 所示。

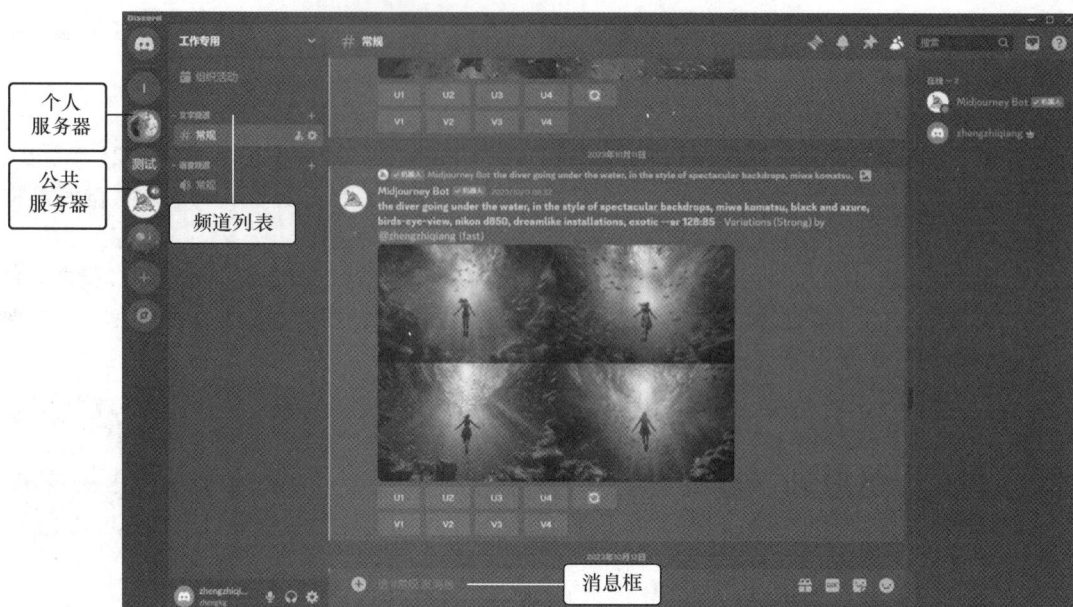

图 3-5　Midjourney 界面

- 公共服务器：公共服务器中有大量的普通用户和各种各样的机器人，用户可以在其中进行所有的基本操作。在公共服务器中进行的所有操作和生成的图片，其他用户都能看到，不具备隐私性和保密性。因此，生成图像的操作一般不在公共服务器中进行。但是，用户可以在公共服务器中查看其他用户的操作和生成的图像，方便模仿和学习。
- 个人服务器：用户自己建立的服务器。创建好个人服务器后，需要先在公共服务器中邀请 Midjourney 机器人入驻自己的服务器，然后进行生成图像操作。个人服务器中的所有操作和生成的图像，其他用户都不可见，有更好的隐私性。
- 频道列表：文字频道用于发送文字消息、生成图像，用户可以创建多个文字频道，用于区分不同的图像生成任务。
- 消息框：用于发送文字消息，在其中输入/imagine 或/，然后在打开的列表中选择："/imagine" 命令，如图 3-6 所示。在出现的 prompt 文本框中输入图像的提示词，如图 3-7 所示。按【Enter】键生成图像，如图 3-8 所示。

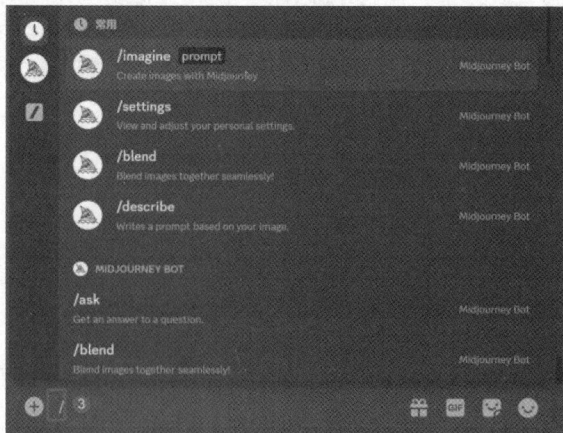

图 3-6　选择 "/imagine" 命令

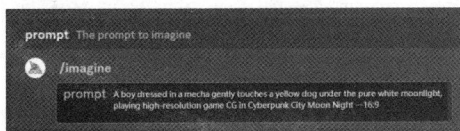

图 3-7　输入提示词

图 3-8　生成图像

知识链接

Midjourney 不支持中文，所有提示词都为英文，如果用户不擅长使用英文，可以先写出中文的提示词，然后使用 AI 工具翻译成英文。另外，Midjourney 也没有参数设置对话框，所有参数设置都需要以文本的形式附加在提示词后，如要设置画面比例为 16:9，需要在提示词后添加 "- -ar 16:9"。

2. Stable Diffusion

Stable Diffusion 是一款开放源代码的全能 AI 图像生成工具，它在功能和定制化方面具有强大的实力。用户不仅可以将 Stable Diffusion 部署到本地计算机中，也可以将其部署到互联网中，供其他用户使用。目前，互联网中有很多基于 Stable Diffusion 的 AI 绘画网站，它们的界面都大同小异，如哩布哩布 AI，其界面如图 3-9 所示。

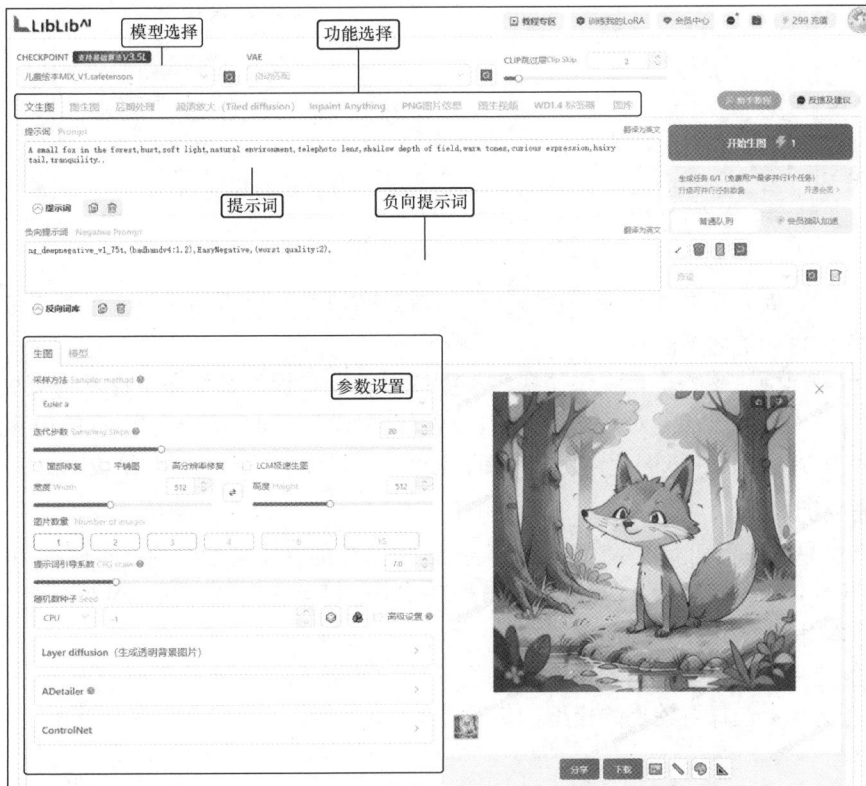

图 3-9　哩布哩布 AI 的界面

- 模型选择：Stable Diffusion 的一大显著优势在于其丰富的模型库，它能够生成几乎所有类型的图像。更为便利的是，用户还可以上传自己的图像来训练模型，以满足个性化的图像创作需求。
- 功能选择：Stable Diffusion 有文生图、图生图、后期处理等功能。
- 提示词：设置生成图像的提示词，需要使用英文，但可以先输入中文，然后单击"翻译为英文"超链接，将提示词翻译成英文。
- 负向提示词：不希望在图像中出现的内容。
- 参数设置：设置图像的生成参数。

3. 文心一言

文心一言的智慧绘图是百度依托飞桨和文心大模型推出的 AI 绘画平台，其功能主要包括文字生图、图片重绘和局部编辑等，如图 3-10 所示。文字生图除了一般的文生图外，还可以创作商品图、艺术字和海报等。图片重绘可以进行风格模仿、风格转换和背景替换。局部编辑可以对图片的部分区域进行重绘或消除，其界面如图 3-10 所示。

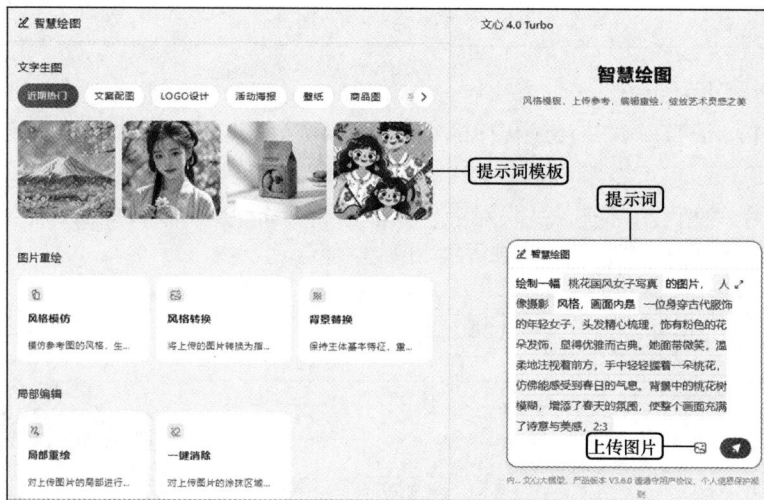

图 3-10　文心一言的智慧绘图

- 提示词：输入绘图提示词，由于文心一言没有风格和比例的设置选项，需要在提示词中包含相应的内容。
- 提示词模板：文心一言提供了多种类型的提示词模板，选择一个提示词模板，可以将该提示词模板添加到对话文本框中，然后根据实际需求，修改提示词的内容。
- 上传图片：上传一张图片作为参考图，也可以对该图片进行图片重绘或局部编辑等操作。

4. 通义万相

通义万相是阿里巴巴旗下的 AI 绘画平台。通义万相的基本功能包括文字作画和视频生成，图 3-11 所示为文字作画界面。此外，"应用广场"中还提供了涂鸦作画、相似图生成、风格迁移、艺术字等功能，如图 3-12 所示。

- 功能选择：选择要使用的功能。
- 模型选择：选择要使用的模型，包括万相 1.0 通用、万相 2.0 极速和万相 2.0 专业 3 个模型。
- 提示词：设置生成图像的提示词。如果用户不知道如何设计提示词，可以先设计一个简单的提示词，然后单击"智能扩写"按钮，让 AI 绘画工具生成一个内容丰富的提示词。也可以单击"咒语书"按钮，在打开的列表中选择需要的提示词。

- 参数设置：设置图像的生成参数。

图 3-11　文字作画界面

图 3-12　通义万相的"应用广场"

知识链接　　　各大 AI 绘画平台都需要先注册并登录后才能使用，通常会给用户提供一定数量的免费绘画次数，当免费绘画次数用完后，就需要购买会员或点数才能继续进行 AI 绘画。

知识链接　　　关于 AI 绘画作品的版权问题，不同的 AI 绘画平台的规定有所不同。Midjourney 规定，使用免费版生成的图像不可以商用，而通过付费版生成的图像可以商用。而 Stable Diffusion 的情况比较复杂，因为其中很多模型是互联网上的用户创建的，是否可以商用要根据对应模型的具体情况而定。

▶▶▶ 3.1.3　AI 绘画的方式

随着 AI 绘画技术的飞速发展，AI 绘画的方式也逐渐多样化，各大 AI 绘画平台中对 AI 绘画方式的命名也不完全相同，但大体上可以分为文生图、图生图、线稿生图等方式。

使用文生图功能为童话故事《丑小鸭》配一张插画

1. 文生图

文生图，即通过文字描述生成图像。用户只需输入一段描述性的文字，AI 就能根据这些

文字内容，生成与之相匹配的图像。

【案例3-1】使用文生图功能为童话故事《丑小鸭》配一张插画

李雪需要为童话故事《丑小鸭》配一张插图，她尝试使用文心一言和通义万相的文生图功能来生成这张插画，效果如图3-13所示。

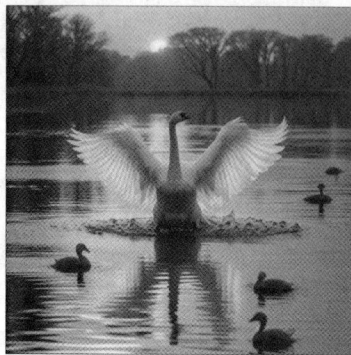

平台：文心一言。
功能：AI创作→推荐。
提示词：一片宁静的湖边，夕阳洒在水面上，一只白天鹅的周围有几只鸭子在游动。
画面类型：智能推荐。
比例：方图。

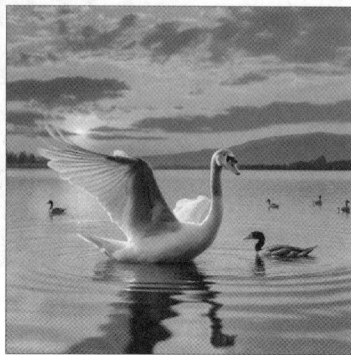

平台：通义万相。
功能：文字作画。
提示词：一片宁静的湖边，夕阳洒在水面上，一只白天鹅的周围有几只鸭子在游动。
模型：万相2.0专业。
比例：1:1。

图3-13　使用文生图功能为童话故事《丑小鸭》配一张插画

多学一招

AI绘画工具通常可以一次生成多张图像，可从中选择一张满意的图像下载。如果都不满意，可以单击"生成"按钮重新生成，或修改提示词、模型和参数后再生成，或更换AI绘画平台。如果只是局部不满意，则可以使用涂抹擦除和涂抹编辑功能，修改图像的局部。

2. 图生图

图生图，即通过一张已有的图像来生成与之相关或风格相似的图像。用户只需提供一张源图像，AI绘画工具就能根据这张图像的内容、风格和特征，生成新的图像。

【案例3-2】使用图生图功能生成多张"雪原日出"图像

李雪需要多张风格相似的"雪原日出"图片来制作一套明信片，但她手上只有一张相关的图像文件，于是她尝试使用图生图功能生成多张风格相似的图片，效果如图3-14所示。

平台：通义万相。
功能：应用广场→相似图域。
上传参考图：雪原日出.png（配套资源：\素材\第3章\雪原日出.png）。

图3-14　使用图生图功能生成多张"雪原日出"图像

3. 线稿生图

线稿生图可以使图像创作变得更加便捷和高效。用户只需上传一张基础线稿，然后AI绘画工具会利用图像识别技术，精确地捕捉线稿中的每一个轮廓和线条，再利用着色和补全算法，自动为图像填充色彩并增添细节。

【案例3-3】使用线稿生图功能生成"机器牛"图像

李雪需要为一款游戏构思一个3D卡通形象的机器牛。但目前，她仅有一张线稿图。为提高设计效率，李雪尝试采用线稿生图功能来推进工作，效果如图3-15所示。

使用线稿生图功能生成"机器牛"图像

平台：通义万相。
功能：应用广场→涂鸦作画。
比例：9:16。
上传涂鸦：线稿牛.jpg（配套资源：\素材\第3章\线稿牛.jpg）。
提示词：未来城市里的机器牛。
风格：3D卡通。

图3-15　使用线稿生图功能生成"机器牛"图像

▶▶▶ 3.1.4　AI绘画提示词设计

要获得一幅既美观又符合个人需求的AI绘画作品，需要精心设计提示词。设计准确且有效的提示词对于引导AI绘画工具生成理想的图像内容至关重要。只有提供准确的提示词，才能实现对图像风格、主题、细节及情感内涵的精准掌握。AI绘画的提示词通常包括场景描述、艺术风格、艺术家风格、构图、视角、光线、材质等内容。

1. 场景描述

场景描述是指用文字来表达所期望的画面内容，往往包含时间、地点、主体及事件这4个要素。但这4个要素并非每次都需要全部出现，可以根据实际需要进行组合。

示例如下。

傍晚时分，一位老人在公园的长椅上安静地阅读报纸。（时间＋地点＋主体＋事件）
深夜里，一座古老的钟楼孤独地矗立在城市的中心。（时间＋地点＋主体）
一只猫咪和一只小狗正在院子里追逐嬉戏。（地点＋主体＋事件）
山顶上矗立着一座古老的庙宇。（地点＋主体）
一家人围坐在客厅里观看电影。（地点＋主体＋事件）

如果只有一个大致的主题，却没有想好具体的画面场景，这时可以通过大语言模型来辅助生成所需的场景描述。

【案例3-4】使用文心一言生成"海滩"插画的场景描述

（1）在文心一言中输入以下提示词。

我需要一张海滩的插画，请发挥你的想象力，用一句话帮我描述这张插画的内容。

（2）单击"提交"按钮，文心一言将生成"海滩"插画的场景描述，内容如下。

使用文心一言生成"海滩"插画的场景描述

这张插画展现了一片绚烂的海滩景象，阳光洒在细腻的沙滩上，海浪轻轻拍打着岸边，

远处是蔚蓝的海天一线，几只优雅洁白的海鸥在空中翱翔。

2. 艺术风格

在构思和编写 AI 绘画提示词的过程中，确认艺术风格是赋予作品灵魂和个性的重要环节。它不仅仅是简单的色彩或形状的堆砌，而是深入作品内核的审美选择，要求创作者精准表达出对图像审美倾向的要求。艺术风格的选择与运用，直接关系到 AI 绘画作品能否触动人心，引发观众的共鸣。

使用艺术风格提示词生成图像

知识链接　　AI 绘画技术不断发展，能够模拟和创作的艺术风格也在不断增加。此外，不同的 AI 绘画平台可能支持不同的风格选项和提示词。为获取准确和新的艺术风格提示词，用户可以查阅相关的 AI 绘画平台的文档、在线教程或社区论坛。

【**案例 3-5**】使用艺术风格提示词生成图像

在通义万相中使用不同艺术风格提示词生成"一位慈祥的老人"图像，效果如图 3-16 所示。

| 提示词：一位慈祥的老人，扁平风插画。 | 提示词：一位慈祥的老人，素描。 | 提示词：一位慈祥的老人，水彩。 | 提示词：一位慈祥的老人，油画。 |

图 3-16　使用艺术风格提示词生成图像

3. 艺术家风格

艺术家风格更加注重个体艺术家的独特创作手法和审美视角，如凡·高的狂野笔触、毕加索的几何分割、莫奈的光影变幻等。在提示词中加入艺术家的名称，可以让 AI 绘画工具模仿这位艺术家的创作手法，使创作出的作品呈现出该艺术家的个人特色和精神内涵。

使用艺术家风格提示词生成图像

【**案例 3-6**】使用艺术家风格提示词生成图像

在通义万相中使用不同艺术家风格提示词生成"一匹飞驰的骏马"图像，效果如图 3-17 所示。

| 提示词：一匹飞驰的骏马，徐悲鸿风格。 | 提示词：一匹飞驰的骏马，毕加索风格。 | 提示词：一匹飞驰的骏马，宫崎骏风格。 | 提示词：一匹飞驰的骏马，凡·高风格。 |

图 3-17　使用艺术家风格提示词生成图像

多学一招　　除了在提示词中使用风格提示词来确定画面的风格外，很多 AI 绘画平台还提供设置画面风格的选项，如通义万相的"创意模板"选项等。

4. 构图

AI 绘画的构图提示词是指导 AI 绘画工具在创作过程中安排画面元素位置、构建视觉结构的重要指令。这些提示词涵盖基础的构图形式或具体的视角和效果，帮助用户实现个性化的创作需求。以下是一些常见的 AI 绘画构图提示词。

- 中心对称：以中心点为基础，物体或元素围绕中心点对称分布。
- 轴对称：图像通过一条中心线分成对称的两部分，左右镜像对称。
- 黄金分割：一种比例关系，被认为可以创造出视觉上的美感与和谐。
- 三分法：将画面分成九等份，通过将主要元素放置在分割线条和线条的交点上来达到平衡。
- 一点透视：画面中所有的线条和边缘都收敛到一个点，给人以纵深感。
- 二点透视：画面中的线条和边缘收敛到两个不同的点，用于显示物体的形状和尺寸。
- 曲线与直线：利用曲线和直线的组合来定义形状和轮廓。
- 几何形状：如圆形、正方形、三角形等，用于构建整体图像的基础形状。

【案例 3-7】使用构图提示词生成图像

在通义万相中使用不同的构图提示词生成"城市中的现代办公大楼"图像，效果如图 3-18 所示。

使用构图提示词生成图像

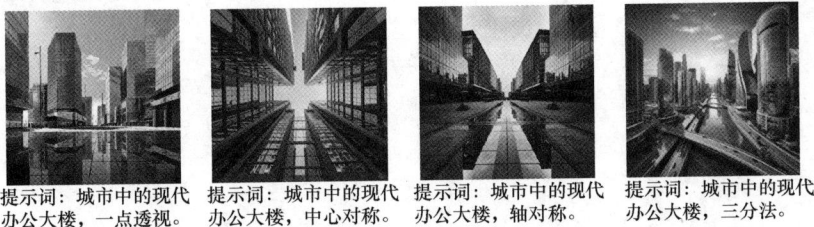

提示词：城市中的现代办公大楼，一点透视。　提示词：城市中的现代办公大楼，中心对称。　提示词：城市中的现代办公大楼，轴对称。　提示词：城市中的现代办公大楼，三分法。

图 3-18　使用构图提示词生成图像

5. 视角

AI 绘画的视角提示词用于指导 AI 绘画工具，从特定的视角来呈现画面内容。这些提示词可以帮助 AI 绘画工具理解人类希望从哪个角度来观看画面，从而生成更符合要求的图像。以下是一些常见的 AI 绘画视角提示词。

- 第一人称视角：这种视角将观众置于画面的中心，仿佛他们正在亲身经历画面中的场景。提示词可能包括"第一人称视角""我看到的景象"等。
- 背视角：从角色的背后观看，可以展示角色的背影和周围的环境。提示词如"背视角""从后面看"等。
- 侧视角：这种视角下观众与画面平行，能够突出场景的形状和轮廓。
- 特写视角和大特写视角：这些视角用于展示细节，如人物的脸部特征或物体的局部。特写视角和大特写视角通常用于突出显示重要的细节或进行情感表达。
- 鱼眼镜头：这种视角可以产生明显的视觉畸变，使得画面中心的物体被放大，边缘的物体被缩小并扭曲。
- 鸟瞰视角：从高处向下看的视角，可以展示场景的布局和整体效果。
- 全景：全景展示宽阔的场景，通常用于风景或大型活动的描绘。
- 中景：中景通常展示人物的上半身或场景的一部分。
- 近景：近景则更专注于细节。

【案例 3-8】使用视角提示词生成图像

在通义万相中使用不同的视角提示词生成"一座中国古代城市，一个女孩站在城墙之上"

图像，效果如图 3-19 所示。

提示词：一座中国古代城市，一个女孩站在城墙之上，背视角。

提示词：一座中国古代城市，一个女孩站在城墙之上，特写视角。

提示词：一座中国古代城市，一个女孩站在城墙之上，侧视图。

提示词：一座中国古代城市，一个女孩站在城墙之上，鸟瞰视角。

图 3-19 使用视角提示词生成图像

6. 光线

光线提示词是指在 AI 绘画过程中，用于指导和调整画面光线效果的特定词汇或短语。这些提示词涵盖光线的类型、强度、方向、色彩以及所产生的视觉效果等多个方面。通过精准地运用这些提示词，用户能够控制光线效果，从而创造出符合自己创作意图的视觉作品。以下是一些常用的 AI 绘画光线提示词及其应用场景。

使用视角提示词生成图像

- 柔光：适用于营造柔和、温馨的氛围，如早晨或傍晚的光线。
- 硬光：会产生明显的阴影，高对比度，适合表现硬朗、有力的场景。
- 自然光：模拟日光或天光，适用于户外场景。
- 前光：光线来自拍摄对象前方，可减少阴影、突出细节。
- 逆光：光线来自拍摄对象背后，可突出轮廓、增强质感、营造氛围。
- 侧光：光线来自拍摄对象侧面，可使明暗对比鲜明、立体感增强、画面层次丰富。
- 聚光灯：集中光线于特定区域，以创造戏剧性效果。
- 阴影：强调光线与物体的相互作用，增加画面的层次感。
- 亮度：调整画面的整体明亮程度。
- 高光：突出物体表面的高亮部分，增强立体感。
- 轮廓光：从物体边缘照射的光线，强调轮廓，增加深度感。
- 高对比度：增强光线与阴影之间的对比，使画面更加鲜明有力。
- 低对比度：减少光线与阴影之间的对比，使画面更加柔和、平静。
- 暖光线：营造温馨、舒适的氛围，如黄昏或室内的暖色调灯光。
- 冷光线：给人以冷静、清爽的感觉，适合表现科技或未来主义场景。
- 发光效果：使物体或某个区域发出柔和的光芒，增强画面的光影效果。
- 镜头光晕：模拟相机镜头在强光下产生的光晕效果，增强画面的戏剧性。

【案例 3-9】使用光线提示词生成图像

在文心一格中使用不同的光线提示词生成清晨、午后、黄昏和夜晚的森林 4 幅图像，效果如图 3-20 所示。

提示词：清晨的森林，金色光线穿过绿色的树冠，树叶闪耀，清新、宁静的氛围，逆光，暗色调，自然光。

提示词：午后的森林，树叶缝隙有斑驳的光影，高对比度，暖色调，侧光，慢快门，静谧，和谐。

提示词：黄昏的森林，金色余晖，橙红云彩，绿色森林，梦幻温馨，逆光，柔和光线，自然色彩，宁静，温暖。

提示词：夜幕降临，月光洒在森林中，银白光芒，稀疏云层，寂静的森林，星星点点的光点，低光环境，柔和侧光。

图 3-20 使用光线提示词生成图像

7. 材质

材质提示词对于创造真实和丰富的视觉效果至关重要。材质不仅能够增强图像的质感，还能帮助创作者在作品中表达不同的情感和氛围。以下是一些常见的材质提示词。

（1）金属质感

- 金属：用于生成具有金属光泽的表面，如金、银、铜等。
- 生锈金属：用于创造生锈金属的质感，适合工业风或复古场景。
- 抛光钢：用于生成光滑、反光的钢铁表面。

（2）岩石与自然材质

- 花岗岩：用于生成花岗岩的纹理，常用于建筑或自然景观。
- 大理石：用于创造大理石的光滑质感和纹理效果。
- 砂岩：用于生成砂岩的粗糙质感。

（3）水与冰材质

- 海浪：用于模拟海浪的动态效果。
- 冰晶：用于创造冰晶或霜冻的纹理。
- 水面：用于生成平静水面的反射效果。

（4）木材与纤维材质

- 桃花心木：用于生成桃花心木的纹理，常用于家具或地板。
- 竹子：用于创造竹子的质感，适合中式风格的设计。
- 棉织物：用于生成棉布的柔软质感。

（5）玻璃与透明材质

- 彩色玻璃：用于创造彩色玻璃的效果，常用于西式建筑的窗户。
- 晶莹剔透：用于生成透明清澈的玻璃质感。
- 磨砂玻璃：用于生成磨砂玻璃的朦胧效果。
- 磨砂玻璃：用于生成磨砂玻璃的朦胧效果。
- 水晶：用于生成高透明度效果。

（6）陶瓷材质

- 陶：用于生成原始、粗糙的效果
- 瓷：用于生成细腻、精美的效果。

【案例 3-10】使用材质提示词生成图像

在通义万相中使用不同的材质提示词生成花瓶图像，效果如图 3-21 所示。

提示词：一个白色的陶瓷花瓶。　提示词：一个蓝色的水晶花瓶。　提示词：一个红色的玻璃花瓶。　提示词：一个绿色的像由竹子编织的花瓶。

图 3-21　使用材质提示词生成图像

3.2　AI 绘画实际应用

在深入探索并掌握 AI 绘画的基础知识后，接下来将详细介绍 AI 绘画在多个设计领域的实际应用，包括插画设计、海报设计、Logo 设计以及产品设计等。

▶▶▶ 3.2.1　AI 插画设计

插画是一种通过图像来诠释、补充或装饰文本内容的艺术形式，广泛应用于图书设计、游戏制作、广告设计等多个领域，具有直观性和艺术性的特点，为观众提供视觉享受，同时增强信息的传达效果。

使用 AI 设计插画，首先需要明确主题和风格，然后输入相应的提示词，如色彩、构图、元素等，接着 AI 绘画工具会根据这些提示词自动生成多幅插画。用户可以在此基础上进行筛选、修改和完善，最终得到符合需求的插画作品。

1．二次元风格插画

在使用 AI 绘画工具绘制二次元风格插画时，提示词应紧扣其特点，例如可以强调色彩的鲜艳明快，引导 AI 绘画工具生成对比强烈的色彩搭配；还可以注重角色的夸张造型和可爱表情，以及线条的简洁和细节的精细。此外，应注重营造梦幻的氛围和传达深刻的情感，使画面更加富有感染力和魅力。

设计"魔法少年"二次元风格插画

【案例 3-11】设计"魔法少年"二次元风格插画

李雪需要为一本小说创作一幅描绘魔法少年的二次元风格插画，为实现这一目标，她决定使用文心一格和通义万相来完成插画设计，完成后的效果如图 3-22 所示。

平台：文心一言。
提示词：二次元风格插画，一位短发少年，身着战斗服，手持魔法杖，在神秘的森林中施展魔法，周围环绕着星光闪烁的特效，表情专注而酷帅，比例9:16。

平台：通义万相。
模型：万相2.0专业。
比例：9:16。
提示词：二次元风格插画，一位短发少年，身着战斗服，手持魔法杖，在神秘的森林中施展魔法，周围环绕着星光闪烁的特效，表情专注而酷帅。

图 3-22　设计"魔法少年"二次元风格插画

2．扁平风插画

在利用 AI 绘画工具绘制扁平风插画时，提示词应当精准地反映出扁平风插画简洁而直观的核心理念。为达到这一效果，可以重点强调"扁平化设计""简洁线条""明亮色彩"等关键词。

设计"未来城市"扁平风插画

【案例 3-12】设计"未来城市"扁平风插画

李雪需要为一本杂志创作一幅表现未来城市的扁平风插画，为实现这一目标，她决定尝试使用不同的 AI 绘画工具来完成设计，完成后的效果如图 3-23 所示。

平台：文心一言。
功能：智慧绘图。
提示词：扁平风插画，主题为"未来城市"。画面中，高楼大厦以简洁的几何形状呈现，线条流畅，色彩明亮且对比鲜明。街道上，自动驾驶的汽车和行人有序穿梭，展现出未来城市的繁忙景象，比例16:9。

平台：通义万相。
功能：文字作画。
模型：万相2.0专业。
比例：16:9。
提示词：扁平风插画，主题为"未来城市"。画面中，高楼大厦以简洁的几何形状呈现，线条流畅，色彩明亮且对比鲜明。街道上，自动驾驶的汽车和行人有序穿梭，展现出未来城市的繁忙景象。

图 3-23　设计"未来城市"扁平风插画

3. 3D立体风插画

在使用 AI 绘画工具绘制 3D（3-dimensional，三维）立体风插画时，提示词应聚焦于创造立体感和真实感，可以包含"3D 立体效果""逼真光影""精细透视"等关键词，同时明确画面内容和场景设定。

设计"萌趣玩偶"
3D 立体风插画

【案例 3-13】 设计"萌趣玩偶"3D 立体风插画

李雪需要为一本儿童杂志创作一幅"萌趣玩偶"3D 立体风插画，为实现这一目标，她决定尝试使用不同的 AI 绘画工具来完成设计，完成后的效果如图 3-24 所示。

平台：文心一言。
功能：智慧绘图。
提示词：3D立体风插画，主题为"萌趣玩偶"。
画面需展现出玩偶的立体效果和柔软质感。
在细节上，请注重玩偶的眼睛、鼻子和嘴巴的刻画，使其表情生动可爱。色彩方面，采用鲜艳而协调的色调，如粉色、蓝色或黄色等，比例9:16。

平台：通义万相。
功能：文字作画。
模型：万相2.0专业。
比例：9:16。
提示词：3D立体风插画，主题为"萌趣玩偶"。
画面需展现出玩偶的立体效果和柔软质感。
在细节上，请注重玩偶的眼睛、鼻子和嘴巴的刻画，使其表情生动可爱。色彩方面，采用鲜艳而协调的色调，如粉色、蓝色或黄色等。

图 3-24　设计"萌趣玩偶"3D 立体风插画

4. 简约风插画

在使用 AI 绘制简约风插画时，提示词应突出简约风插画简洁、清晰和直接的特点，可以包含"简约设计""精简构图""有限色彩"等关键词，同时明确画面的主题和核心元素。

设计"早晨的咖啡
时光"简约风插画

【案例 3-14】 设计"早晨的咖啡时光"简约风插画

李雪需要为一篇博客文章创作一幅"早晨的咖啡时光"简约风插画，为实现这一目标，她决定尝试使用不同的 AI 绘画工具来完成设计，完成后的效果如图 3-25 所示。

平台：文心一言。
功能：智慧绘图。
提示词：简约风插画，主题为"早晨的咖啡时光"。画面中有一张木质的餐桌，上面放着一杯热腾腾的咖啡和一本打开的书，旁边是一盆绿植。使用淡雅的色彩和简洁的线条，强调早晨的宁静和舒适，比例9:16。

平台：通义万相。
功能：文字作画。
模型：万相2.0专业。
比例：9:16。
提示词：简约风插画，主题为"早晨的咖啡时光"。画面中有一张木质的餐桌，上面放着一杯热腾腾的咖啡和一本打开的书，旁边是一盆绿植。使用淡雅的色彩和简洁的线条，强调早晨的宁静和舒适。

图 3-25　设计"早晨的咖啡时光"简约风插画

5. 古风插画

在使用 AI 绘制古风插画时，提示词应突出古风插画充满古典韵味、传统文化元素丰富和笔触细腻的特点，可以包含"古风设计""传统文化元素""细腻笔触"等关键词，同时明确画面的主题和风格。

设计"荷塘月色"
古风插画

【案例 3-15】 设计"荷塘月色"古风插画

李雪需要为一篇博客文章创作一幅"荷塘月色"古风插画，为实现这一目标，她决定使用不同的 AI 绘画平台来完成设计，完成后的效果如图 3-26 所示。

平台：文心一言。
功能：智慧绘图。
提示词：古风插画，主题为"荷塘月色"。画面中，一轮明月高悬，荷塘中荷花盛开，几片荷叶轻轻摇曳，一位身着古装的仕女站在荷塘边，手持扇子。请使用细腻的笔触和淡雅的色彩，并融入古建筑、山水等传统文化元素，比例9:16。

平台：通义万相。
功能：文字作画。
模型：万相2.0专业。
比例：9:16。
提示词：古风插画，主题为"荷塘月色"。画面中，一轮明月高悬，荷塘中荷花盛开，几片荷叶轻轻摇曳，一位身着古装的仕女站在荷塘边，手持扇子。请使用细腻的笔触和淡雅的色彩，并融入古建筑、山水等传统文化元素。

图 3-26　设计"荷塘月色"古风插画

3.2.2　AI 海报设计

海报作为一种视觉表现形式，巧妙地融合了图形、文字和色彩等元素，旨在吸引观众的注意力并有效传达信息或宣传内容。在电影推广、活动宣传、产品介绍等多个领域，海报都发挥着举足轻重的作用。

在运用 AI 进行海报设计时，用户可以使用 AI 绘画工具生成多幅海报图像，然后从中挑选出满意的海报图像，再根据个人创意略微调整海报图像，并添加文本、Logo、二维码等其他内容。

设计元宵节海报

【案例 3-16】设计元宵节海报

元宵节临近，李雪需要为公司设计一幅元宵节海报，她先尝试使用 AI 绘画工具生成海报图像，如图 3-27 所示。然后使用 Photoshop 擦除图像中不需要的内容，并添加所需的文本内容，完成后的效果如图 3-28 所示。

平台：文心一言。
功能：智慧绘图。
提示词：创作一幅喜庆的元宵节海报，画面中有一碗装在红色陶瓷碗中的甜汤圆，背景是发光的灯笼，烟花在夜空中升腾绽放。使用现代简约的设计风格，以红色、金色和深蓝色为主，营造出温暖和欢乐的氛围，比例9:16。

图 3-27　生成海报图像（1）

在Photoshop等图像设计软件中擦除原先的文本，再添加"元宵节快乐"文本。

图 3-28　添加文本内容（1）

多学一招

在 AI 绘画工具所生成的图像中，偶尔会出现一些形似文字的符号，但这些符号实际上并没有任何具体意义，它们仅仅是为了丰富版面而存在的占位符。若要去除这些符号，可以使用 AI 绘画工具的涂抹擦除功能，也可以将图像下载后，利用 Photoshop 等专业的图像设计软件进行擦除或修改。

【案例3-17】设计冬至海报

冬至临近，李雪需要为公司设计一幅冬至海报，她先尝试使用 AI 绘画工具生成海报图像，如图 3-29 所示。然后使用 Photoshop 擦除图像中不需要的内容，并添加所需的文本内容，完成后的效果如图 3-30 所示。

设计冬至海报

设计音乐节海报

【案例3-18】设计音乐节海报

李雪需要为一场音乐节设计一幅海报，她先尝试使用 AI 绘画工具生成海报图像，如图 3-31 所示。然后添加所需的图像、文本、二维码等内容，完成后的效果如图 3-32 所示。

平台：文心一言。
功能：智慧绘图。
提示词：创作一幅温馨的冬至海报，画面中有一碗热气腾腾的饺子，背景窗外轻轻飘落着雪花。以红色和冰蓝色为主，体现出温暖和平静的氛围，比例9:16。

图 3-29　生成海报图像（2）

在Photoshop等图像设计软件中擦除原先的文本，再添加"传统节气""冬至""天时人事日相催，冬至阳生春又来。"文本。

图 3-30　添加文本内容（2）

平台：文心一言。
功能：智慧绘图。
提示词：创作一幅充满活力的音乐节海报，吉他手在舞台上弹奏，前面是热情的粉丝，背景是五彩灯光，高饱和度，舞台灯光具有动感，超广角镜头，比例9:16。

图 3-31　生成海报图像（3）

在Photoshop等图像设计软件中添加图像、文本、二维码等内容。

图 3-32　添加所需的内容（1）

【案例3-19】设计家居产品海报

李雪需要为一个家居品牌设计一幅海报，她先尝试使用 AI 绘画工具生成海报图像，如图 3-33 所示。然后使用 Photoshop 擦除图像中不需要的内容，并添加所需的图像、文本、二维码等内容，如图 3-34 所示。

设计家居产品海报

平台：文心一言。
功能：智慧绘图。
提示词：创作一幅温馨的家居产品海报，画面有一款现代舒适的沙发，背景是一个时尚的客厅。使用米色、深棕色和灰色来表现家居环境的优雅和舒适，比例9:16。

图 3-33　生成海报图像（4）

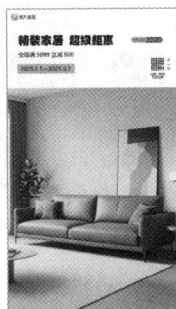

在Photoshop等图像设计软件中擦除原先的文本，再添加图像、文本、二维码等内容。

图 3-34　添加所需的内容（2）

第 3 章　AIGC辅助图像设计

57

▶▶▶ 3.2.3　AI Logo 设计

Logo，即通常所说的徽标或商标，是代表公司或品牌的一种视觉标识。它巧妙地运用图形、字母或特定字形，旨在帮助消费者轻松识别并深刻记忆品牌所属的公司及其背后的文化理念。

当利用 AI 绘画工具进行 Logo 设计时，需要在提示词中包含品牌名称、所属行业、设计风格、色彩方案、形状、类型等关键词。

【案例 3-20】设计环保组织 Logo

李雪需要为一个环保组织设计一个现代简约风格的 Logo，为实现这一目标，她决定使用不同的 AI 绘画工具来完成设计，完成后的效果如图 3-35 所示。

设计环保组织 Logo

平台：文心一言。
功能：智慧绘图。
提示词：为一个环保组织设计一个现代简约风格的 Logo。使用绿色作为主色调，并使用树叶作为主体元素，比例1:1。

平台：通义万相。
功能：文字作画。
模型：万相2.0极速。
比例：1:1。
提示词：为一个环保组织设计一个现代简约风格的 Logo。使用绿色作为主色调，并使用树叶作为主体元素。

图 3-35　设计环保组织 Logo

【案例 3-21】设计科技公司 Logo

李雪需要为一家科技公司设计一个现代简约风格的 Logo，为实现这一目标，她决定使用不同的 AI 绘画工具来完成设计，完成后的效果如图 3-36 所示。

【案例 3-22】设计宠物网站 Logo

李雪需要为一家宠物网站设计一个吉祥物 Logo，为实现这一目标，她决定使用不同的 AI 绘画工具来完成设计，完成后的效果如图 3-37 所示。

设计科技公司 Logo　　设计宠物网站 Logo

平台：文心一言。
功能：智慧绘图。
提示词：为一家科技公司设计一个现代简约风格的 Logo，使用蓝色和绿色的线条构建一个类似眼睛的图案，白色背景，比例1:1。

平台：通义万相。
功能：文字作画。
模型：万相2.0专业。
比例：1:1。
提示词：为一家科技公司设计一个现代简约风格的 Logo，使用蓝色和绿色的线条构建一个类似眼睛的图案，白色背景。

图 3-36　设计科技公司 Logo

平台：文心一言。
功能：智慧绘图。
提示词：为一家宠物网站设计一个吉祥物Logo，主体形象为一只黄色的小狗，白色背景，比例1:1。

平台：通义万相。
功能：文字作画。
模型：万相2.0专业。
比例：1:1。
提示词：为一家宠物网站设计一个吉祥物Logo，主体形象为一只黄色的小狗，白色背景。

图 3-37　设计宠物网站 Logo

▶▶▶ 3.2.4　AI 产品设计

AI 绘画工具在产品设计中展现出显著的优势。它不仅能在短时间内生成多样化的设计方案，提升设计效率，还能够根据用户的具体需求和偏好，创作出符合特定风格、主题及细节要求的设计图。

【案例 3-23】设计项链

李雪需要为一家珠宝公司设计一款项链，为实现这一目标，她决定使用不同的 AI 绘画工具来完成设计，完成后的效果如图 3-38 所示。

平台：文心一言。
功能：智慧绘图。
提示词：设计一款现代风格的银色项链，光滑的金属质感，精细的链条。项链中心是一个镂空的心形图案，周围镶嵌着小颗的钻石，形成心形的排列，比例1:1。

平台：通义万相。
功能：文字作画。
模型：万相2.0专业。
比例：1:1。
提示词：设计一款现代风格的银色项链，光滑的金属质感，精细的链条。项链中心是一个镂空的心形图案，周围镶嵌着小颗的钻石，形成心形的排列。

图 3-38　设计项链

【案例 3-24】设计护肤品包装

李雪需要为一家化妆品公司设计一款护肤品包装，为实现这一目标，她决定使用不同的 AI 绘画工具来完成设计，完成后的效果如图 3-39 所示。

设计护肤品包装

平台：文心一言。
功能：智慧绘图。
提示词：设计一款护肤品包装，采用简约风格，以绿色和白色为主色调，突出品牌标志和产品名称，给人以纯净的感觉，比例1:1。

平台：通义万相。
功能：文字作画。
模型：万相2.0专业。
比例：1:1。
提示词：设计一款护肤品包装，采用简约风格，以绿色和白色为主色调，突出品牌标志和产品名称，给人以纯净的感觉。

图 3-39　设计护肤品包装

3.3　AI 图像处理

AI 不仅具备直接生成图像的能力，还可以自动化处理图像，如高清放大、内容替换与擦除、扩图、自动抠图、换背景和风格迁移等。这些强大的功能不仅可以显著提升图像处理的工

第 3 章　AIGC 辅助图像设计

作效率，还能够为创作者带来更丰富的创作手段和新的可能性，从而激发其创意灵感，拓展艺术表现的边界。

很多 AI 绘画工具都具有图像处理功能，如文心一格、神采 AI 等。下面主要以神采 AI 为例进行讲解，其提供的图像处理功能如图 3-40 所示。

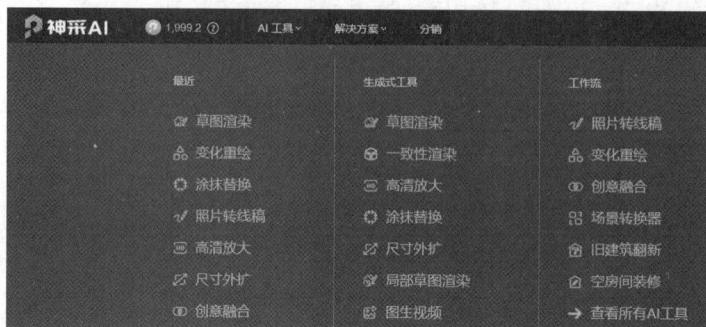

图 3-40　神采 AI 提供的图像处理功能

▶▶▶ 3.3.1　高清放大

AI 图像高清放大功能可以在不损失图像质量的前提下，有效提升图像的分辨率和增大图像的尺寸。这种技术克服了传统图像放大方法中常出现的模糊、失真等问题，确保图像在放大后依然保持良好的清晰度和细节的完整性，能够更好地满足高清显示、大幅面打印等需求。神采 AI 高清放大功能的设置界面如图 3-41 所示。

图 3-41　高清放大功能的设置界面

- 图片：单击"选择图片"按钮，上传要高清放大的图片。
- 提示：可以输入提示词辅助 AI 正确识别图片的内容，也可以不输入。
- 模板：有"真实"和"动漫"两个选项，根据图片的类型进行选择。
- 创意：选择更高的"创意"数值可以得到细节更丰富、画面更清晰的图像，但存在内容可能被改变的风险。

【案例 3-25】高清放大小狗图片

李雪需要在网页中插入一张小狗的图片，但是，她发现现有图片的尺寸太小且十分模糊。为解决这一问题，李雪决定使用神采 AI 的高清放大功能来放大这张小狗图片，效果如图 3-42 所示。

平台：神采AI。
工具：高清放大。
图像：配套资源为\素材\第3章\小狗.png（512像素×512像素）。
模板：动漫。
创意：高。

放大后图像：配套资源为\效果\第3章\小狗.jpg（1024像素×1024像素）。

图 3-42　高清放大小狗图片

▶▶▶ 3.3.2 涂抹替换

大多数 AI 绘画工具的内容擦除与替换功能都可以擦除或替换图片中特定区域的内容，同时保持图片的整体美观性和连贯性。神采 AI 提供的涂抹替换功能，不仅可以实现内容的擦除与替换，还可以进行局部修复、重上色、物体插入和材质替换。神采 AI 涂抹替换功能的设置界面如图 3-43 所示。

- 图片：单击"选择图片"按钮 可上传图片。在打开的界面中可以使用"自动选择"工具 、"手动选择"工具 或"套索"工具 创建选区，如图 3-44 所示。

图 3-43　涂抹替换功能的设置界面

图 3-44　创建选区的工具

- 替换：将选区中的内容替换为提示词所描述的内容。
- 移除：移除选区中的内容。
- 局部修复：重新生成选区中的内容，以获得更精细的结果。
- 重上色：将选区中内容的颜色修改为设置的颜色。
- 物体插入：上传一张图片以替换选区中的内容。
- 材质替换：上传一张材质图片以替换选区中内容的材质。

【案例 3-26】将港口图片中的货轮替换成游艇

李雪需要一张游艇停靠在港口的图片，但她手里只有一张货轮停靠在港口的图片。为解决这个问题，她决定使用神采 AI 的涂抹替换功能，将图片中的货轮替换成游艇，完成后的效果如图 3-45 所示。

平台：神采 AI。
工具：涂抹替换。
图像：配套资源为\素材\第3章\码头.png。
对选区的操作：替换。
提示：繁忙的港口停着一艘豪华游艇。

替换后图像：配套资源为\效果\第3章\码头.jpg。

图 3-45　将港口图片中的货轮替换成游艇

▶▶▶ 3.3.3　尺寸外扩

神采 AI 的尺寸外扩功能不仅能够扩大图片的尺寸，还能在扩展区域智能生成与原图风格协调统一的新内容。神采 AI 的尺寸外扩功能的设置界面如图 3-46 所示。

- 图片：单击"选择图片"按钮  可上传图片。
- 提示：描述扩展区域的内容。
- 尺寸：单击该按钮，在打开的面板中设置扩展后画面的尺寸大小，如图 3-47 所示。
- 亮度：设置扩展区域画面的明暗程度。

图 3-46　尺寸外扩功能的设置界面

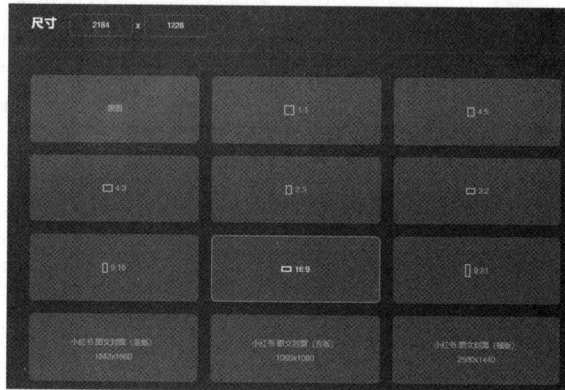

图 3-47　设置尺寸

【案例 3-27】扩展湖畔夜景图片

李雪想要为她的计算机桌面设置一张尺寸为 16:9 的湖畔夜景图片，但她仅有一张尺寸为 1:1 的图片。为达到目的，她决定采用神采 AI 的尺寸外扩功能，将这张图片扩展成尺寸为 16:9 的图片，完成后的效果如图 3-48 所示。

扩展湖畔夜景图片

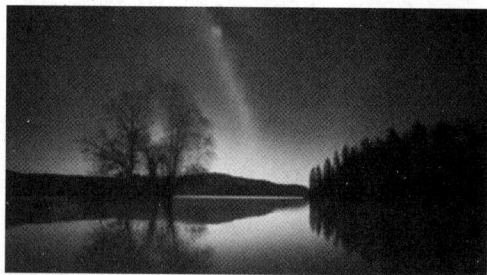

拖动图片4角的控制点可以调整图片的大小，拖动图片可以调整其位置

平台：神采AI。
工具：尺寸外扩。
图像：配套资源为\素材\第3章\湖畔夜景.png。
尺寸：16:9。
亮度：50。

扩展后图像：配套资源为\效果\第3章\湖畔夜景.jpg。

图 3-48　扩展湖畔夜景图片

3.4　综合实践

本章核心内容聚焦于 AI 绘画与 AI 图像处理两大领域，强调了设计有效 AI 绘画提示词的重要性。为加深读者对本章知识的理解与提高读者的应用能力，接下来将通过一个综合实践——设计世界海洋日海报来具体展示如何巧妙运用所学知识，实现创意与技术的完美融合，帮助读者在实际操作中灵活掌握并巩固本章的知识点。

▶▶▶ 3.4.1　实践背景

世界海洋日定于每年的 6 月 8 日，是一个旨在提升全球公民海洋保护意识的国际性节日。为宣传世界海洋日，李雪准备设计两张公益海报，第一张海报的主题为"杜绝海洋污染 守护生命之源"，第二张海报的主题为"保护海洋 保护海洋动物"。

设计世界海洋日海报

▶▶▶ 3.4.2　实践思路

1. 设计第一张海报

为了体现"杜绝海洋污染 守护生命之源"这个主题，李雪决定先使用 AI 绘画工具生成一幅具有强烈对比的图片——海面上，蓝天白云交相辉映，海鸥在天空中自由翱翔，而海面之下却遍布塑料袋、空瓶子等垃圾。待图像生成后，再根据实际情况使用 AI 图像编辑工具调整图像，最后使用 Photoshop 添加文本。整个操作思路如图 3-49 所示。

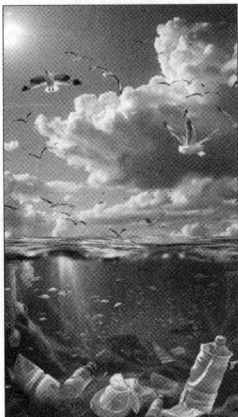

(1) 使用AI绘画工具生成图像
平台：通义万相。
工具：文字作画。
模型：万相2.0专业。
比例：9:16。
提示词：创作一幅海报，巧妙对比海面上下截然不同的景象。海面上，蓝天白云交相辉映，海鸥在天空中自由翱翔。然而，海面之下却是另一番景象，肮脏的垃圾遍布，塑料袋、空瓶子等废弃物触目惊心，与海面的清澈形成鲜明对比。

(2) 擦除多余内容
平台：神采AI。
工具：涂抹替换。
对选区的操作：移除。

(3) 添加文本
软件：Photoshop。
最终效果：配套资源为\效果\第3章\世界海洋日海报1.psd。

图 3-49　操作思路（1）

2. 设计第二张海报

为体现"保护海洋 保护海洋动物"这个主题，李雪决定先使用 AI 绘画工具生成一张鲸鱼从海面跃出的图片，待图像生成后，再根据实际情况使用 AI 图像编辑工具调整图像，最后使用 Photoshop 添加文本。整个操作思路如图 3-50 所示。

（1）使用AI绘画工具生成图像
平台：文心一言。
工具：智慧绘图。
提示词：世界海洋日海报，一头鲸鱼跃出海面浪花飞溅，被蓝天白云环绕，海面占画面的三分之一，比例16:9。

（2）扩展图像
平台：神采AI。
工具：尺寸外扩。
尺寸：16:9。
亮度：50。

（3）添加文本
软件：Photoshop。
最终效果：配套资源为\效果\第3章\世界海洋日海报2.psd。

图 3-50　操作思路（2）

3.5　课后习题

1. 填空题

（1）生成对抗网络模型包括_____和_____两个核心组件。

（2）稳定扩散模型在训练时有_____和_____两个核心过程。

（3）_____，即通过文字描述来生成图像。

（4）_____，即通过一张已有的图像来生成另一张与之相关或风格相似的图像。

（5）AI 绘画的实质是利用_____进行绘画创作。

（6）Stable Diffusion 的一大显著优势在于其丰富的_____，能够生成几乎所有类型的图像。

（7）在 AI 绘画过程中，用于指导和调整画面光线效果的特定词汇或短语称为_____。

2. 单选题

（1）关于 AI 绘画作品的版权问题，以下说法正确的是（　　　）。

A. 所有 AI 绘画平台生成的图像都可以商用

B. 所有 AI 绘画平台生成的图像都不可以商用

C. Midjourney 通过付费版生成的图像可以商用

D. Stable Diffusion 生成的图像均不能商用

（2）负责鉴别生成的图像，并提供反馈的是（　　　）。

A. Generator　　　　　　　　　B. Discriminator

C. Forward Diffusion　　　　　D. Reverse Diffusion

（3）（　　　）不是 AI 绘画的关键技术。

A. 生成对抗网络模型　　　　　B. 稳定扩散模型

C. 虚拟现实技术　　　　　　　D. 深度学习技术

（4）要使用 Midjourney 需要先安装并注册（　　　）平台。

A. WeChat　　　　　　　　　　B. QQ

C. Discord　　　　　　　　　　D. Telegram

（5）在使用 AI 绘画工具时，如果需要生成一张具有特定艺术家风格的图像，应该在提示词中加入（　　）。

A. 艺术风格 　　　　　　　　　　B. 艺术家名称

C. 构图提示 　　　　　　　　　　D. 光线提示

（6）（　　）不是 AI 图像处理的功能。

A. 高清放大 　　　　　　　　　　B. 内容替换与擦除

C. 自动抠图和换背景 　　　　　　D. 视频剪辑

3. 操作题

（1）使用 AI 绘画工具设计一款高端绿茶包装，要求主色调为绿色，盒身为金属质感，图案为烫金茶树，参考效果如图 3-51 所示。

（2）使用 AI 绘画工具设计一款梅花书签，要求以国画之雅韵为蓝本，细致刻画出寒梅的特征。梅花枝干苍劲有力，曲折有致，仿佛历经风霜；花瓣则轻盈美丽，粉嫩中带一丝冷艳，尽显生机。参考效果如图 3-52 所示。

（3）使用 AI 绘画工具设计一幅简约风插画，画面内容：一个可爱的女孩，手里拿着一束花。参考效果如图 3-53 所示。

图 3-51　高端绿茶包装　　　　图 3-52　梅花书签　　　　图 3-53　简约风插画

（4）设计一张西餐厅的宣传海报，要求先使用 AI 绘画工具生成海报的背景图（以静物摄影的方式展现牛排、意大利面、葡萄酒等内容）和西餐厅的 Logo，然后使用 Photoshop 制作海报的其他内容，参考效果如图 3-54 所示（配套资源：\效果\第 3 章\西餐厅海报.psd）。

（a）使用AI绘画工具生成背景图　　　（b）使用AI绘画工具生成Logo　　　（c）使用Photoshop完善海报

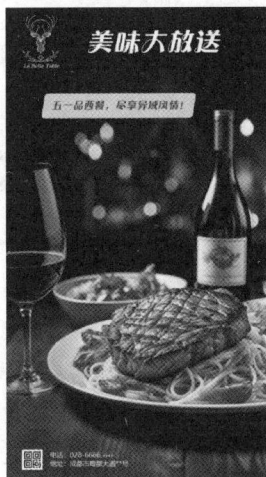

图 3-54　西餐厅的宣传海报

第 4 章
AIGC 辅助高效办公

在当今快节奏的工作环境中，工作效率已成为衡量办事水平的关键指标。随着人工智能技术的飞速发展，AIGC 逐步渗透到我们日常工作的方方面面，为高效办公提供了新的可能。本章将深入探讨 AIGC 如何辅助我们在办公文档处理、PPT 制作及表格处理等办公领域实现效率与质量的双重飞跃。通过学习和掌握这些前沿技术，我们能够轻松应对烦琐的工作任务，将更多的精力投入更具创造性的工作中，从而在职场竞争中脱颖而出。

【学习目标】

知识目标

- 掌握 AI 在查找资料、修改文档等方面的具体应用。
- 掌握用 AI 制作 PPT 的方法。
- 掌握 AI 在写公式、设置条件格式以及数据生成与分析等方面的具体应用。

能力目标

- 能够运用 AIGC 工具完成办公文档处理、PPT 制作和电子表格处理等日常办公任务。
- 能够通过 AIGC 工具提升文档内容的准确性、逻辑性和可读性，使文档更加专业、易读。
- 能够借助 AIGC 工具的强大功能，将更多的时间和精力用于创意构思和策略规划。

4.1 AI 处理办公文档

传统的办公文档处理往往依赖于人工操作，不仅费时费力，还容易出错，难以满足现代快节奏、高效率的工作需求。而随着人工智能技术的飞速发展与广泛应用，用户通过 AIGC 工具处理办公文档，不仅能够极大地提高文档处理的效率与准确性，还能帮助用户轻松应对各种复杂的文档处理任务，如查找资料、修改文档以及生成图示等。

4.1.1 查找资料

在复杂多变的现代办公环境中，撰写一篇准确无误的办公文档能够确保业务的流畅与决策的高效。这一过程往往依赖于深入查找与精准筛选大量的相关资料，而查找资料会直接影响后续工作的精确度和效率。

随着 AI 技术的不断发展，用户也可以利用 AIGC 工具查找资料。相较于传统的依赖搜索引擎的资料查找方式，利用 AIGC 工具查找资料展现出更显著的优势，主要体现在以下 4 个方面。

1. 智能筛选，提升准确性

传统搜索引擎虽然能提供海量信息，但用户往往需要花费大量时间浏览并手动筛选相关结果。相比之下，AIGC 工具能够更精准地理解用户的查询意图，自动过滤无关信息，直接呈现相关性和准确性高的内容。

2. 高效整合，节省时间

AIGC 工具能够智能整合多个不同来源的资料，形成结构化的知识体系。这意味着，原本需要由人工逐一访问多个数据库、网站或文档的工作，现在可以由 AIGC 工具一键完成，大幅缩短了资料收集与整理的时间。

3. 深度分析，洞察趋势

AIGC 工具能深度分析收集到的数据，识别出潜在的模式、关联及未来趋势，为决策提供强有力的数据支持。例如，在商业领域，AIGC 工具通过综合分析公司内部的运营数据、市场趋势、消费者行为等多维度信息，能辅助公司管理层预测产品需求变化、优化库存管理、调整营销策略，为公司决策提供科学依据，以提升整体运营效率和市场竞争力。

4. 持续学习，适应性强

AIGC 工具具备持续学习和自我优化的能力，能够根据用户的反馈和新的数据输入，不断调整和优化查找策略，使查找结果更加符合用户的实际需求。这意味着，随着时间的推移，AIGC 工具在资料查找上的表现会越来越好，而传统搜索引擎则可能因缺乏这种动态调整机制而逐渐无法满足用户变化的需求。

【案例 4-1】使用 Kimi 查找人工降雨的相关资料

夏明想要写一篇关于人工降雨的科普文章，他需要先查找人工降雨的相关资料。夏明得知 Kimi 具有很强的互联网搜索功能，非常适合用于查找资料，于是决定使用 Kimi 来进行查找资料的操作。

使用 Kimi 查找人工降雨的相关资料

（1）进入 Kimi 网站首页，在文本框中输入"人工降雨"提示词，单击"提交"按钮▷。Kimi 将在互联网中阅读大量与人工降雨相关的网页，并根据其中的内容整合出一篇文章，如图 4-1 所示。

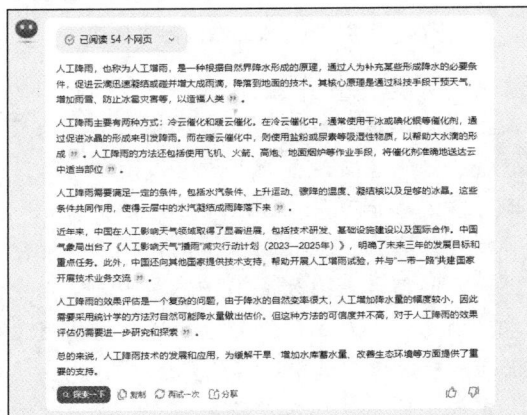

图 4-1　Kimi 生成的文章

（2）在生成的文章中单击某句话后的"引用"按钮"，打开"引用内容"窗格，可以查看这句话的来源网页，如图4-2所示。

（3）在生成文章的页面中，单击"已阅读54个网页"下拉按钮，在打开的下拉列表中单击"人工降雨的原理及作业方式"超链接，如图4-3所示。打开"人工降雨的原理及作业方式"网页查看原文。

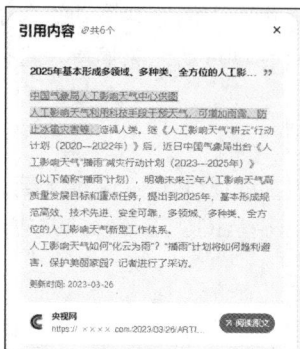

图4-2　"引用内容"窗格

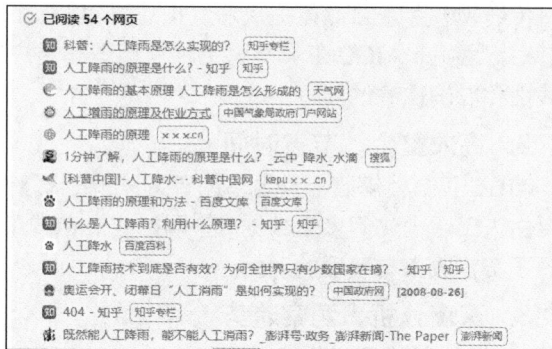

图4-3　单击"人工降雨的原理及作业方式"超链接

（4）在地址栏中复制网页地址，返回到Kimi网页，将网页地址复制到文本框中，然后单击"提交"按钮▶。Kimi将阅读该网页的内容，并生成一篇该网页的内容摘要，以便用户迅速了解该网页的主要内容，如图4-4所示。

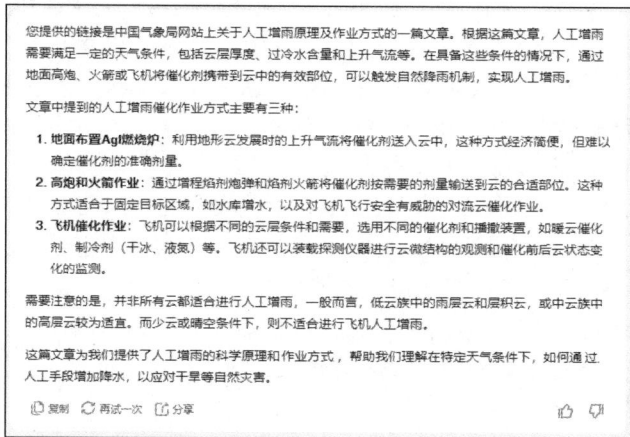

图4-4　Kimi生成的网页内容摘要

（5）根据这些资料，夏明手动整合出了人工降雨的相关资料，内容如下。

　　人工降雨，也称为人工增雨，是一种根据自然界降水形成的原理，通过人为补充某些形成降水的必要条件，促进云滴迅速凝结或碰并增大成雨滴，降落到地面的技术。其核心原理是通过科技手段干预天气，增加雨雪、防止冰雹灾害等，以造福人类。

　　人工降雨主要有两种方式：冷云催化和暖云催化。在冷云催化中，通常使用干冰或碘化银等催化剂，通过促进冰晶的形成来引发降雨。而在暖云催化中，则使用盐粉或尿素等吸湿性物质，以帮助大水滴的形成。人工降雨的方法还包括使用飞机、火箭、高炮、地面烟炉等作业手段，将催化剂准确地送到云中适当位置。

　　人工降雨需要满足一定的条件，包括水汽条件、空气呈上升运动、骤降的温度、足够的凝结核和冰晶。这些条件共同作用，使得云层中的水汽凝结成雨降落下来。

▶▶▶ 4.1.2 修改文档

在日常办公场景中，经常需要修改文档，如改写、续写、扩写、转换文档风格等，以适应不同的受众和场景需求。然而，传统的手动修改和补充方式往往费时费力，且难以保证内容的连贯性和一致性。

AIGC 工具能够精准理解原始文档的内容，并根据用户的实际需求，生成既符合逻辑又语言流畅的新文本。借助这种先进的智能化文档处理能力，用户能够轻松地通过 AIGC 工具修改文档，这不仅能显著提升工作效率，还能确保文档内容的准确性和一致性。

修改文档的提示词主要由目标、要求和原始文本 3 部分构成。

- 目标：明确文档修改的目标，是改写、续写、扩写、缩写还是转换文档风格等。
- 要求：文档修改的具体要求，如语言风格、目标受众、字数限制等。
- 原始文本：要修改的原始文本。

1. 文档改写

文档的改写是在保留原文核心信息的基础上，调整和优化语言表述、句式结构或篇章布局，以适应新的表达需求。

【案例 4-2】将人工降雨资料改写为一篇科普文章

获得人工降雨的资料后，夏明尝试使用文心一言将这些资料直接改写为一篇科普文章。

将人工降雨资料改写为一篇科普文章

（1）在文心一言的文本框中输入以下提示词。

> 请将以下文本改写为一篇科普文章。
>
> 要求：
>
> 1. 语言平实易懂，逻辑严密；
>
> 2. 可适当拓展内容，并增加案例和数据。
>
> 原文本如下。
>
> 人工降雨，也称为人工增雨，是一种根据自然界降水形成的原理，通过人为补充某些形成降水的必要条件，促进云滴迅速凝结或碰并增大成雨滴，降落到地面的技术。其核心原理是通过科技手段干预天气，增加雨雪、防止冰雹灾害等，以造福人类。
>
> 人工降雨主要有两种方式：冷云催化和暖云催化。在冷云催化中，通常使用干冰或碘化银等催化剂，通过促进冰晶的形成来引发降雨。而在暖云催化中，则使用盐粉或尿素等吸湿性物质，以帮助大水滴的形成。人工降雨的方法还包括使用飞机、火箭、高炮、地面烟炉等作业手段，将催化剂准确地送到云中适当位置。
>
> 人工降雨需要满足一定的条件，包括水汽条件、空气呈上升运动、骤降的温度、足够的凝结核和冰晶。这些条件共同作用，使得云层中的水汽凝结成雨降落下来。

（2）单击"提交"按钮 ，将人工降雨资料改写为一篇科普文章。

> 人工降雨：科技如何助力天空"落泪"
>
> 在自然界中，雨水的形成是一个复杂而神奇的过程。但你知道吗？人类已经掌握了模拟这一过程的技术——人工降雨，也被称为人工增雨。这项技术通过补充降水所需的必要条件，促进云层中的水滴迅速凝结或碰撞并增大，最终降落到地面。
>
> 人工降雨的核心原理是通过科技手段干预天气。人工降雨的目的不仅仅是增加雨雪量，更重要的是能够防止冰雹等灾害，从而造福人类。例如，在干旱地区，一场及时的人工降雨能够缓解水资源短缺的问题，为农作物带来生机。

要实现人工降雨，主要有两种方式：冷云催化和暖云催化。在冷云催化中，我们通常使用干冰或碘化银等催化剂。这些催化剂就像"魔法师"一样，能够促进冰晶的形成，从而引发降雨。据研究，干冰和碘化银在云层中能够迅速扩散，与周围的水汽结合，形成冰晶核，进而吸引更多的水汽凝结，最终形成雨滴。

而在暖云催化中，我们则使用盐粉或尿素等吸湿性物质。这些物质就像"吸水海绵"一样，能够帮助形成大水滴。当水滴足够大时，它们就会因重力作用而落下，形成降雨。这种方式在温暖湿润的云层中尤为有效，能够迅速增加降雨量。

除了选择催化剂外，人工降雨还需要考虑如何将催化剂准确地送到云中适当位置。这通常需要借助飞机、火箭、高炮或地面烟炉等作业手段。这些工具就像"天空使者"一样，将催化剂精确地投放到云层中，确保人工降雨的效果。

然而，人工降雨并不是随时随地都能进行的，它需要满足一定的条件，包括水汽条件、空气呈上升运动、骤降的温度、足够的凝结核和冰晶。只有具备这些条件，人工降雨才能成功施展。

举个例子，在我国的一些干旱地区，政府经常会利用人工降雨技术来缓解水资源短缺的问题。通过科学分析气象条件，选择合适的时机和方式进行人工降雨，取得了显著的效果。这些地区的农作物产量得到提高，居民的生活用水也得到保障。

总的来说，人工降雨是一项非常有用的技术。它不仅能够增加雨雪量，防止冰雹等灾害，还能够为人类的生产和生活带来很大的便利。随着科技的不断发展，我们相信，未来人工降雨技术还会更加先进和完善，为人类的幸福生活贡献更多的力量。

2. 文档续写

文档的续写是基于现有文档的内容，延续其思路和风格，添加新的段落或内容，使文档更加完整和丰富。

【案例4-3】在人工降雨科普文章中增加一段"人工降雨对环境的影响"内容

夏明觉得文章中还需要增加"人工降雨对环境的影响"内容，于是使用文心一言在文章中续写相关内容。

在人工降雨科普文章中增加一段"人工降雨对环境的影响"内容

（1）继续上一个案例，在文心一言的文本框中输入"在倒数第 2 段后增加一段'人工降雨对环境的影响'"内容。

（2）单击"提交"按钮 ⬆，文心一言将在倒数第2段后增加一段"人工降雨对环境的影响"内容，并修改最后一段的内容，修改后的内容如下。

当然，任何技术都有其两面性。人工降雨虽然能够带来诸多好处，但也可能对环境产生一定的影响。比如，催化剂的残留可能会对环境造成污染，尤其需要关注对水源和土壤的影响。此外，频繁的人工降雨可能会干扰自然界的降水规律，对生态系统造成一定的影响。因此，在进行人工降雨时，需要充分考虑其可能带来的环境影响，并采取相应的措施来减少这些影响。

总的来说，人工降雨是一项非常有用的技术。它不仅能够增加雨雪量，防止冰雹等灾害，还能够为人类的生产和生活带来很大的便利。然而，我们也需要正视其可能带来的环境问题，并努力寻求更加环保、可持续的人工降雨技术。随着科技的不断发展，我们相信，未来人工降雨技术还会更加先进和完善，为人类的幸福生活贡献更多的力量。

3. 文档扩写

文档的扩写是针对文档中的某个观点或细节，进行深入的阐述和说明，以增强其说服力和实用性。夏明觉得文章中的案例不够具体，于是使用文心一言扩写案例。

【案例4-4】对倒数第3段进行扩写，举一个实际的案例

（1）继续上一个案例，在文本框中输入"扩写倒数第3段，举一个实际的案例，要有具体过程"。

（2）单击"提交"按钮 ，扩写段落，内容如下。

举个例子，在我国西北某干旱地区，由于长期缺乏降水，农作物生长受到严重影响，居民生活用水也面临困难。当地政府决定采用人工降雨技术来缓解这一状况。在气象部门的精确预测和指导下，当地政府选择了合适的时机进行人工降雨。

在具体实施过程中，气象部门首先通过卫星云图和气象雷达等设备，详细观测和分析云层，确定云层的厚度、高度、水汽含量等关键参数。然后，根据这些参数，制定了详细的人工降雨方案。

在实施方案时，当地政府采用飞机投放催化剂的方式。飞机在云层上方飞行，将干冰和碘化银等催化剂准确地投放到云层中。这些催化剂在云层中迅速扩散，与周围的水汽结合，形成了大量的冰晶核。随着冰晶核的不断增长并吸引更多的水汽凝结，最终形成雨滴并降落到地面。

经过这次人工降雨，该地区的降水量明显增加，农作物得到及时的灌溉，居民的生活用水也得到保障。这次人工降雨的成功，不仅缓解了当地的干旱问题，还为当地的农业生产和居民生活带来了积极的影响。

对倒数第3段进行扩写，举一个实际的案例

4. 转换文档风格

不同的文档风格，如正式、商务、学术、幽默等，能够适配不同的场合与受众，从而达到更好的沟通效果。然而，手动调整文档风格往往费时费力，且难以保证风格的统一性与协调性。随着人工智能技术的飞速发展，用户可以使用 AIGC 工具自动调整文档的语言风格，实现风格的快速转换与优化。

【案例4-5】转换文档风格，使其更加活泼

夏明的这篇关于人工降雨的科普文章主要面对中小学生，所以他觉得文章的语言风格过于专业，不够活泼。于是他使用文心一言来转换文章的整体风格，使其更加活泼。

转换文档风格，使其更加活泼

（1）继续上一个案例，在文本框中输入"修改整篇文档的语言风格，使其更加活泼。"提示词。

（2）单击"提交"按钮 ，修改整篇文档的风格，内容如下。

人工降雨：当科技遇上"天空魔术师"

嘿，你知道吗？在大自然的奇妙舞台上，雨水可是个不可或缺的"演员"。但现在，人类也学会了这出"降雨大戏"的秘诀，那就是——人工降雨，或者更酷炫地说，人工增雨！想象一下，我们就像拥有魔杖的"魔术师"，轻轻一挥，就能让云朵"哭"出雨水来！

这背后的魔法原理其实挺简单的，就是模仿自然界的降雨过程，不过这次咱们得加点"料"——补充些降水必备的"小助手"，比如催化剂。这样一来，云滴就能迅速集结，变身成大雨滴，哗啦哗啦地落到地面上啦！

说到人工降雨，那可是有两大"门派"的哦：冷云催化和暖云催化。冷云那边，用的是干冰、碘化银这些"冰晶制造机"，一出手就是冰冰凉凉的，让云层里的水汽瞬间冻成冰晶，然后哗啦啦地变成雨。而暖云这边呢，则是靠盐粉、尿素这些"吸水小能手"，它们能把水汽聚集成大水滴，水滴大了，自然就掉下来了。

当然了，要让这些"魔法材料"精准地送到云层里，还得靠飞机、火箭这些高科技"信使"。它们就像快递员一样，把催化剂准确地投放到云层中的"收货地址"，确保每一滴雨都能准时"到货"。

不过，人工降雨可不是想下就下的哦！它得满足一系列"苛刻条件"：水汽得足、空气得上升、温度得骤降，还得有足够的凝结核和冰晶。这些条件就像是"降雨配方"，缺一不可！

举个例子吧，在我国西北的某个"渴"望雨水的地方，庄稼都快干枯了，人们也愁眉苦脸的。这时候，人工降雨就派上大用场了！气象局的"魔术师"们先是用各种高科技仪器"窥探"了一番云层，然后制订了一套完美的"降雨计划"。

接下来，就是见证奇迹的时刻！飞机载着催化剂冲上云霄，就像是在云层里撒了一把"魔法粉"。不久之后，雨滴就像被召唤出来的小精灵一样，纷纷扬扬地落了下来。这场雨，不仅解了庄稼的渴，也让人们的脸上露出了笑容。

不过，别看人工降雨这么神奇，它也是有"副作用"的哦！比如催化剂可能会残留，对环境造成一些影响。还有，如果老是人工降雨，自然界的降雨规律可能会被打乱，生态系统也可能会"抱怨"。所以，咱们在施展"降雨魔法"的时候，也得小心翼翼，保护好我们的环境哦！

总的来说，人工降雨就像是科技界的"魔术师"，它能在关键时刻为我们带来甘霖，解决燃眉之急。不过，我们也要记得，科技虽好，但也要用得恰到好处，才能让我们的世界更加美好！

▶▶▶ 4.1.3 生成思维导图、流程图等图示

在办公文档中，思维导图和流程图等图示因其直观性和条理性而备受欢迎。利用 AI 技术自动生成这些图示，不仅能够减轻手动绘制图示的负担，还能显著提升工作效率，让复杂的信息整理和呈现变得轻松快捷。

1. 思维导图

思维导图作为一种强大的思维工具，被广泛用于知识整理、创意激发和问题解决中。传统的思维导图制作往往需要人工设计，耗时且可能受到创作者思维的限制。而 AI 技术的引入，使得这一过程变得更加高效和灵活。

【案例 4-6】使用博思白板生成设计运动品牌网站的思维导图

现在要设计一个运动品牌网站，夏明决定首先通过思维导图来厘清思路。为此，他选择使用博思白板来创建思维导图。

（1）进入博思白板网站主页，在"快速开始"栏中单击"AI 一键生成模板"中的"开始使用"按钮，如图 4-5 所示。

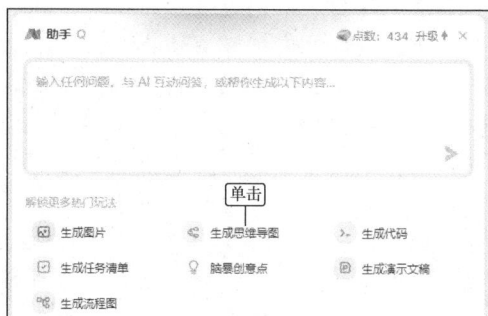

（2）打开"助手"对话框，单击"生成思维导图"按钮，如图 4-6 所示。

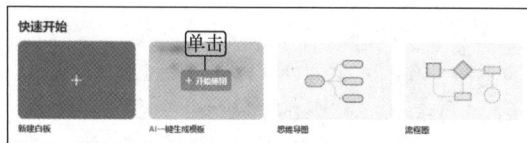

使用博思白板生成设计运动品牌网站的思维导图

图 4-5　单击"开始使用"按钮　　　　图 4-6　单击"生成思维导图"按钮

（3）在打开的"生成思维导图"对话框的文本框中输入"设计运动品牌网站"提示词，如图 4-7 所示。

（4）单击"提交"按钮 ➤，生成思维导图，效果如图 4-8 所示。

图 4-7　输入提示词

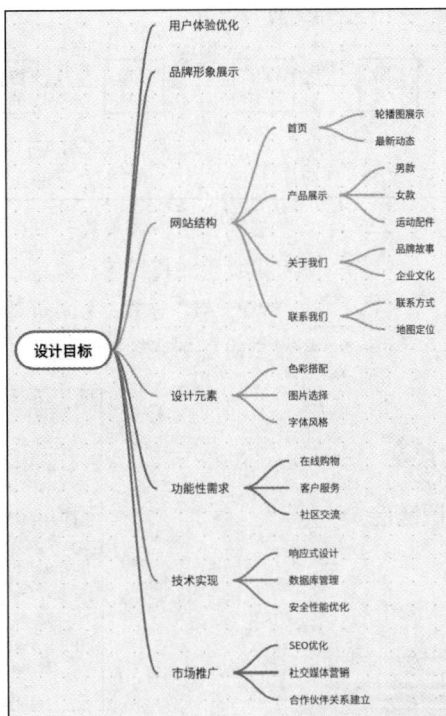

图 4-8　AI 生成的思维导图

2. 流程图

流程图是项目管理中不可或缺的工具，能够帮助用户清晰地了解任务流程、资源分配和进度安排情况。AIGC 工具在生成流程图方面的应用，为项目管理带来了显著的改进与极大的便利。

【案例 4-7】使用博思白板生成客户订单管理流程图

为更好地管理客户订单，夏明需要制作一幅客户订单管理流程图，他选择使用博思白板来创建流程图。

（1）进入博思白板网站主页，在"快速开始"栏中单击"AI 一键生成模板"中的"开始使用"按钮，打开"助手"对话框，单击"生成流程图"按钮，如图 4-9 所示。

（2）在打开的对话框中输入"客户订单管理流程"提示词，如图 4-10 所示。

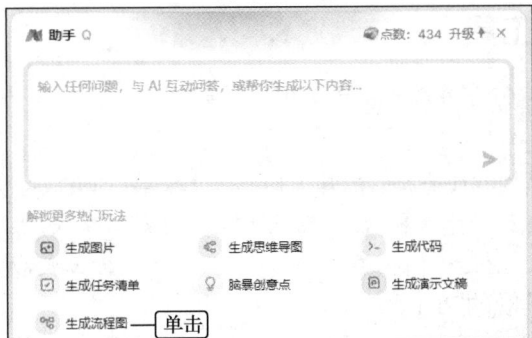

图 4-9　单击"生成流程图"按钮

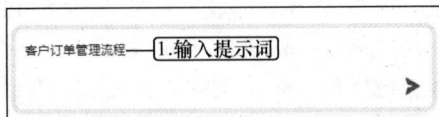

图 4-10　输入提示词

（3）单击"提交"按钮 ➤，生成流程图，效果如图 4-11 所示。

使用博思白板生成
客户订单管理
流程图

图 4-11　AI 生成的流程图

目前，很多应用软件也融入了 AIGC 功能，如 WPS Office，其中的 WPS AI 功能可以提供文档润色、扩写、缩写、重写等功能。在 WPS 中选择要修改的文本，单击"WPS AI"选项，在打开的菜单中选择"AI 帮我改"命令，在弹出的子菜单中选择相应的命令可实现相应的 AI 功能，如图 4-12 所示。

知识链接

图 4-12　WPS AI

4.2　AI 制作 PPT

演示文稿（Microsoft Office PowerPoint，PPT）是一种动态的信息展示文件。它主要由文字、图片、图表、动画等多种元素构成，并以幻灯片的形式逐一展示，广泛应用于教育、商业等领域中的个人或团队展示场合。传统上，这一过程涉及复杂的构思设计、耗时的资料搜集以及精细的细节调整，但在 AI 技术的推动下，这些烦琐流程已得到显著简化。现在，用户仅需使用少量提示词，就可以通过 AIGC 工具生成既贴合主题、又富有创意的 PPT，无论是结构严密的数据分析报告，还是独具特色的品牌推广方案，AIGC 工具都能轻松应对。

▶▶▶ 4.2.1　制作 PPT 的 AIGC 工具

目前，制作 PPT 的 AIGC 工具非常多，下面介绍 4 款主流的 AIGC 工具。

1. WPS AI

WPS 演示中的 WPS AI 功能，可以简化 PPT 的制作流程，提升用户的工作效率与 PPT 的专业度。WPS AI 的核心功能包括 AI 生成 PPT、AI 设计助手和 AI 写作助手等，如图 4-13 所示。

通过 AI 生成 PPT，用户只需输入一个主题、上传一份相关文档或提供一个大纲，WPS AI 便能一键生成一个结构完整、内容丰富、板式美观的 PPT。

通过 AI 设计助手，用户只需输入主题关键词或简要的大纲内容，即可快速获得一页或多页设计精良、内容贴切的幻灯片。这一功能特别适合在现有 PPT 的基础上添加新内容，或快速制作单页展示的幻灯片，能够极大地提升工作的灵活性与便捷性。

而通过 AI 写作助手则可以创作或优化 PPT 中的文本内容。

图 4-13　WPS 演示中的 WPS AI 功能

2. AI PPT

AI PPT 是一款基于 AI 技术的 PPT 生成工具。用户仅需输入主题关键词或简要概述演讲内容，该工具的 AI 算法便能迅速分析海量信息，并在短时间内自动生成一份结构完整且严谨的 PPT，AI PPT 的界面如图 4-14 所示。

图 4-14　AI PPT 的界面

3. MINDSHOW

MINDSHOW 是一款基于 AI 技术的 PPT 生成工具，其 AI 功能为用户提供了高效、便捷的 PPT 制作体验。MINDSHOW 具备自动生成 PPT 的功能。用户只需输入基本的信息或大纲，该工具便能基于深度神经网络的强大信息处理能力，自动生成结构清晰、设计美观的 PPT。MINDSHOW 的界面如图 4-15 所示。

图 4-15　MINDSHOW 的界面

4. iSlide

iSlide 是一款 PowerPoint 的插件，其强大的 AI 功能极大地简化了 PPT 的制作流程，其 AI 功能的界面如图 4-16 所示。

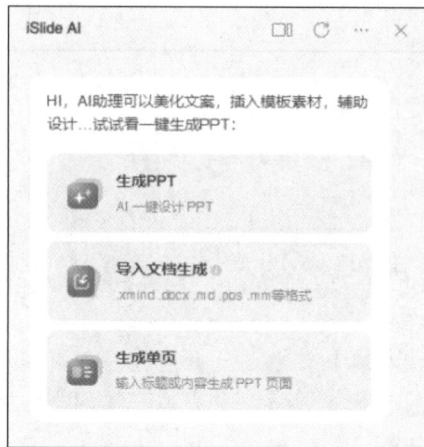

图 4-16　iSlide AI 界面

用户只需提供主题信息，iSlide 便能迅速搭建 PPT 框架，包括设计布局、内容排版等，大幅提升 PPT 的设计效率。此外，iSlide 还支持一键更换 PPT 的整体风格，实现快速美化。

▶▶▶ 4.2.2　生成 PPT

使用 AIGC 工具生成 PPT 主要有以下 3 种方式。

（1）主题生成 PPT。用户仅需指定一个 PPT 主题，如"环保理念推广"或"未来科技趋势"，无须提供具体大纲或详细内容。AIGC 工具会依托其庞大的数据资源和先进的算法，自主创作出一份完整且富有创意的 PPT。

（2）大纲生成 PPT。针对需要严格遵循特定框架或逻辑顺序的 PPT 制作需求，用户可以提供一份完整的 PPT 大纲。AIGC 工具将根据这份大纲，智能地填充每一张幻灯片的具体内容和设计元素。这种方式既能确保 PPT 内容的准确性和完整性，又能极大地减轻用户的工作负担，提高其制作效率。

（3）文档生成 PPT。当用户已有现成的文档时，AIGC 工具能够发挥其强大的分析能力，自动提取文档中的关键信息，并快速生成对应的 PPT。这一功能不仅能够简化从文档到 PPT 的转换流程，还能保留原文的逻辑结构和核心要点。

【案例 4-8】使用 WPS AI 生成"认识新能源汽车"PPT

夏明打算就"认识新能源汽车"主题进行一场演讲，为迅速完成 PPT 的制作，他选择通过 WPS AI 直接生成与主题匹配的 PPT 文件。

（1）启动 WPS Office，并新建一个空白的 PPT。

（2）单击工具栏中的"WPS AI"选项，在打开的菜单中选择"AI 生成 PPT"/"主题生成 PPT"命令，如图 4-17 所示。

使用 WPS AI 生成
"认识新能源汽车"
PPT

（3）在打开的"AI 生成 PPT"对话框的文本框中输入"认识新能源汽车"提示词，然后单击"开始生成"按钮，如图 4-18 所示。

（4）WPS AI 开始生成 PPT 的大纲，完成后，再根据实际需求手动修改大纲的内容，如图 4-19 所示。修改完成后单击"挑选模板"按钮。

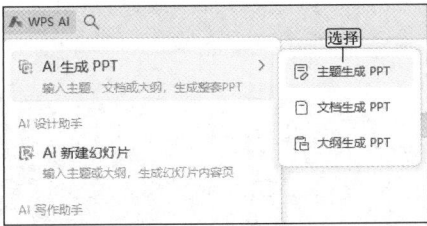

图 4-17　选择"AI 生成 PPT"/
"主题生成 PPT"命令

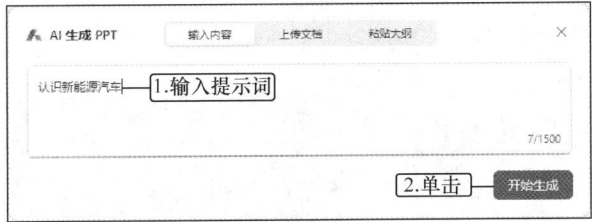

图 4-18　"AI 生成 PPT"对话框

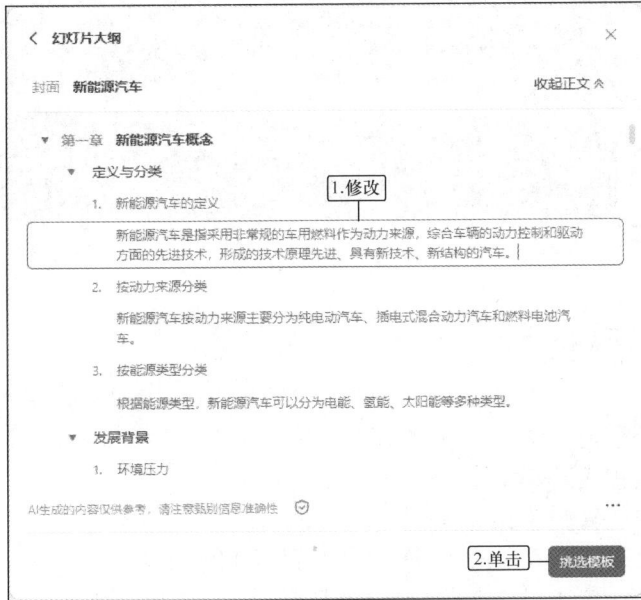

图 4-19　生成大纲

（5）打开"选择幻灯片模板"对话框，在其中选择一款合适的模板，然后单击"创建幻灯片"按钮，如图 4-20 所示。

图 4-20　"选择幻灯片模板"对话框

（6）待 WPS AI 生成 PPT 后，根据实际需要简单修改 PPT，完成后的效果如图 4-21 所示。将文件保存为"新能源汽车.pptx"（配套资源：\效果\第 4 章\新能源汽车.pptx）。

图 4-21　完成后的效果

4.2.3　编辑 PPT

用户借助 AIGC 工具能够轻松完成 PPT 的布局调整、配色优化、文字表述改进等工作。这些智能编辑功能不仅能够提升 PPT 的美观度和专业性，还能节省用户的时间和精力，使得 PPT 的编辑过程变得更为高效和便捷。

使用 AIGC 工具编辑 PPT 主要有以下 3 种方式。

（1）一键更换主题风格。用户能够轻松实现整套 PPT 主题风格的快速更换，无须逐页手动调整，从而迅速统一整体视觉效果，提升 PPT 的专业度和吸引力。

（2）智能排版与细节编辑。AIGC 工具能够根据用户的提示词指令，自动调整幻灯片的布局，使内容呈现得更加合理、美观。同时，AIGC 工具提供了便捷的编辑工具，让用户能够轻松调整幻灯片的细节，如字体大小、颜色搭配等，以满足个性化的设计需求。

（3）内容扩写与简化。利用 AIGC 工具的智能分析能力，用户可以扩写或简化幻灯片中的文字内容。

【案例 4-9】使用 WPS AI 美化"读书与成长.pptx"PPT

为优化"读书与成长"PPT 文件的视觉效果并节省时间，夏明决定借助 WPS AI 的强大功能来完成美化工作。

（1）使用 WPS 演示打开"读书与成长.pptx"PPT 文件（配套资源：\素材\第 4 章\读书与成长.pptx）。

使用 WPS AI 美化"读书与成长"PPT

（2）在"设计"选项卡中单击"全文美化"按钮，打开"全文美化"对话框，单击"全文换肤"选项卡，在搜索文本框中搜索关键词"书"，然后选择"黄色文艺清新通用职业规划书"选项，在对话框右侧预览美化后的效果。单击"应用美化"按钮，如图 4-22 所示。

（3）在"设计"选项卡中单击"统一字体"按钮，在打开的列表中选择"汉仪劲楷简"选项，单击"立即使用"按钮，修改全文字体，如图 4-23 所示。

（4）选择第 3 张幻灯片，调整其中文本框的大小和位置，使文本居中对齐，如图 4-24 所示。

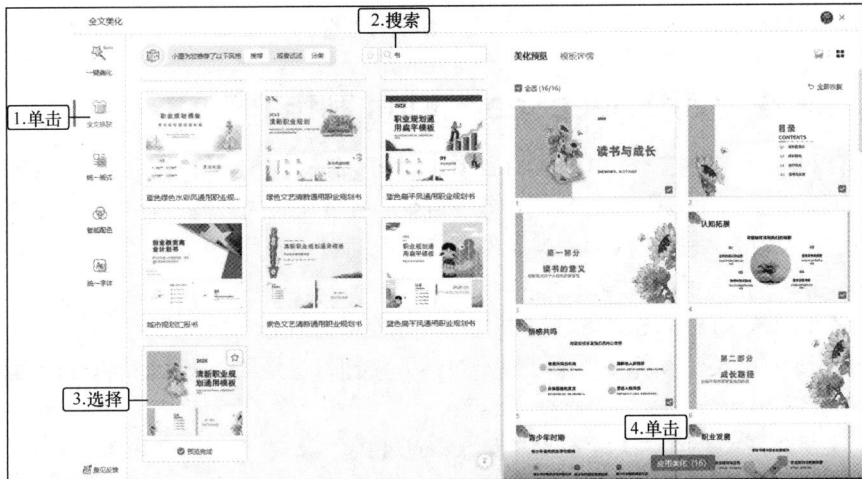

图 4-22 "全文美化"对话框

图 4-23 修改全文字体

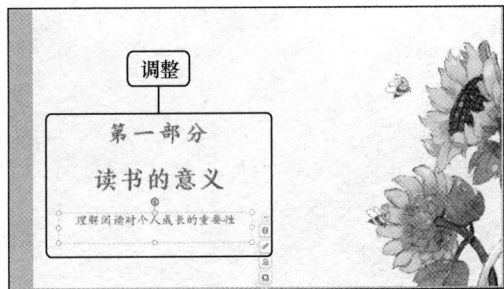

图 4-24 调整文本框的大小和位置

（5）使用相同的方法，调整第 6 张、第 9 张、第 13 张幻灯片中文本框的大小和位置。

（6）选择第 14 张幻灯片，选中其中的正文文本，选择"WPS AI"/"AI 帮我改"/"润色"/"快速润色"命令，在打开的"快速润色"对话框中将显示润色后的文本，如图 4-25 所示。单击"替换"按钮，使用润色后的文本替换原始文本。

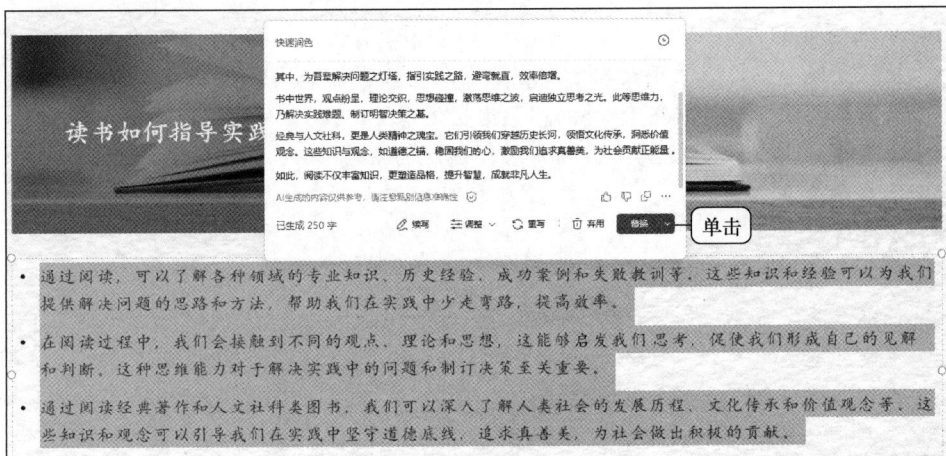

图 4-25 润色文本

（7）保存PPT，完成本例的制作（配套资源：\效果\第4章\读书与成长.pptx）。

▶▶▶ 4.2.4　使用DeepSeek+Kimi制作PPT

除了可以使用专门的制作PPT的AI工具外，还可以使用DeepSeek+Kimi来制作PPT。首先借助DeepSeek生成PPT框架，包括主题、目录、各页简要内容等，明确PPT的结构和核心要点，然后使用Kimi根据生成的框架制作PPT，包括选择合适的模板、风格、配色等，并进行必要的编辑和美化，最终生成高质量的演示文稿。

【案例4-10】使用DeepSeek+Kimi制作"大学生心理健康"PPT

（1）进入DeepSeek首页，单击"开始对话"按钮，进入DeepSeek的对话页面，在其中输入以下提示词。

> 我需要制作一个介绍"大学生心理健康"的PPT。请帮我生成该PPT的框架，包括主题、目录、各页简要内容等。

（2）单击选中"深度思考"和"联网搜索"按钮，然后单击"提交"按钮↑。DeepSeek会先对用户的问题进行深度思考，然后再进行回复，回复内容如下。

> 主题
> 《心向阳光，健康成长——大学生心理健康指南》
> 副标题：认知·应对·成长
>
> ————————————————
> 目录页
> 1.　大学生心理健康现状分析
> 2.　心理健康的核心标准
> 3.　常见心理问题类型
> 4.　心理问题影响因素
> 5.　自我调适与求助方法
> 6.　校园心理健康资源
> 7.　典型案例分析
> 8.　总结与行动倡议
>
> ————————————————
> 各页内容框架
> 1.　现状分析页
> • 数据呈现：引用近3年大学生心理健康调查报告（如焦虑症23%、抑郁症15%等）
> • 压力来源图示：学术压力（58%）、就业焦虑（42%）、人际关系（36%）
> • 过渡句："心理健康是学业成功与人生发展的基石"
> 2.　心理健康标准页
> • 六大核心指标
> ① 智力正常（学习适应力）
> ② 情绪稳定（积极/消极情绪比例≤3:7）
> ③ 人格完整（三观统一）2
> ④ 人际关系和谐（≥3个支持性社交圈）
> ⑤ 自我认知清晰（SWOT自我分析图）
> ⑥ 环境适应良好（压力应对弹性）9

......

8. 总结页

- 核心金句："心理健康是值得终生修炼的必修课"
- 行动倡议：建立个人心理健康档案（附模板）
- 结束页动态设计：向阳生长的树木动画

设计建议

- 视觉系统：采用渐变色蒙版覆盖校园场景图，搭配扁平化 ICON
- 数据呈现：多使用信息长图、雷达图、热力图等可视化形式
- 互动元素：插入简易心理测试（如压力指数评估）

（3）选择 DeepSeek 的回复内容，按"Ctrl + C"组合键复制。

（4）进入 Kimi 首页，单击左侧的"Kimi +"按钮 ⊛，在打开的页面中单击"PPT 助手"按钮。

（5）进入 Kimi 的 PPT 助手页面，将 DeepSeek 的回复内容粘贴到对话文本框中，然后单击"提交"按钮 ▷。

（6）Kimi 的 PPT 助手会根据 DeepSeek 的回复生成 PPT 的每一页的具体内容，然后单击"一键生成 PPT"按钮。

（7）打开模板选择页面，在其中选择一种合适的模板，然后单击"生成 PPT"按钮生成 PPT。

（8）单击"下载"按钮，在打开的页面中设置文件类型为 PPT，且文字可编辑，然后单击"下载"按钮进行下载（效果\第 4 章\大学生心理健康.pptx），如图 4-26 所示。

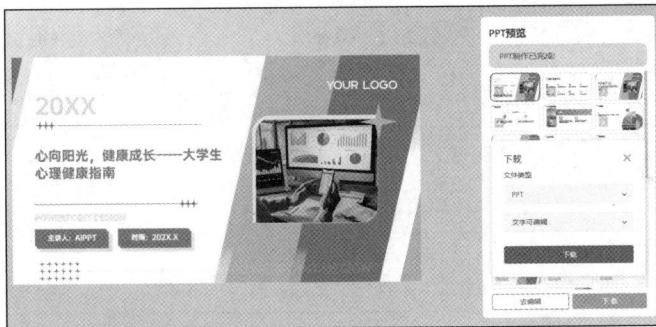

图 4-26　生成的 PPT

4.3　AI 处理电子表格

在数字化时代，电子表格已成为我们日常工作中不可或缺的工具。无论是财务数据整理、项目管理还是数据分析，电子表格都扮演着重要的角色。然而，随着数据量的不断增加和复杂度的提升，传统的手动操作方式已难以满足高效、准确的处理需求。这时，AIGC 工具的应用便显得尤为重要。AIGC 工具能够智能识别数据模式，自动化处理烦琐的计算与数据清洗任务，极大地提高了工作效率。

▶▶▶ 4.3.1　AI 写公式

对许多使用电子表格的用户来说，编写复杂的公式往往比较困难，这不仅需要深入理解函数的功能和参数，还需要确保公式的逻辑准确无误。而 AIGC 工具的引入，可以极大地简化这

一过程。用户只需提出自己的需求，AIGC 工具就能自动生成合适的公式。

【案例 4-11】使用 WPS AI 生成"销售统计表.xlsx"工作簿中的公式

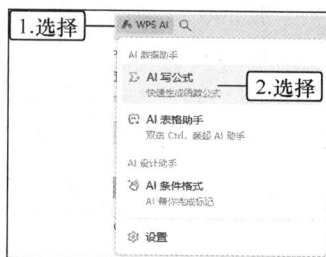

为迅速处理"销售统计表.xlsx"工作簿中的相关数据，夏明决定利用 WPS AI 的"AI 写公式"功能来完成公式计算任务。

（1）使用 WPS 表格打开"销售统计表.xlsx"工作簿（配套资源：\素材\第 4 章\销售统计表.xlsx）。

（2）选择 F3 单元格，选择"WPS AI"/"AI 写公式"命令，如图 4-27 所示。

（3）在打开的对话框中输入"计算 C 列、D 列和 E 列的和"提示词，单击"提交"按钮 ➤，如图 4-28 所示，WPS AI 将生成对应的公式。

使用 WPS AI 生成"销售统计表"工作簿中的公式

图 4-27 选择"WPS AI"/"AI 写公式"命令

图 4-28 输入提示词

（4）单击"完成"按钮，如图 4-29 所示。

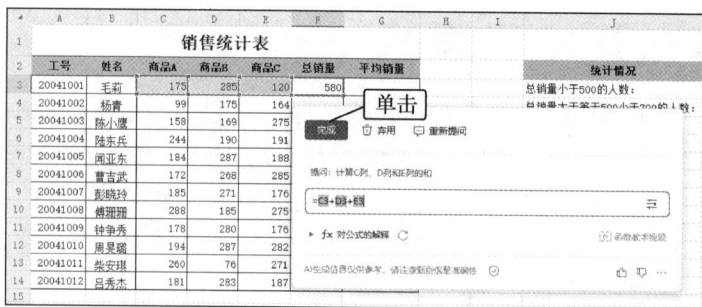

图 4-29 单击"完成"按钮

（5）拖动 F3 单元格右下角的填充柄到 F14 单元格，复制公式，如图 4-30 所示。

图 4-30 复制公式

（6）选择 G3 单元格，选择"WPS AI"/"AI 写公式"命令，在打开的对话框中输入"计算 C 列、D 列和 E 列的平均值"提示词，单击"提交"按钮 ➤ 生成公式，再单击"完成"按钮应用公式，如图 4-31 所示。然后将公式复制到 G4:G14 单元格区域，如图 4-32 所示。

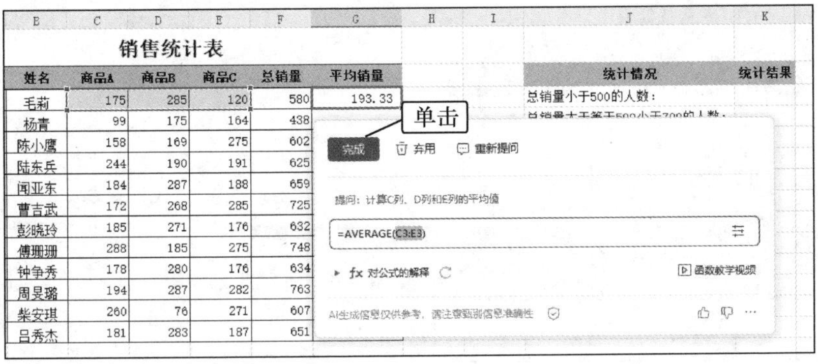

图 4-31 生成并应用公式

图 4-32 复制公式

▶▶▶ 4.3.2 AI 设置条件格式

条件格式作为电子表格的一项重要功能，能够依据单元格内容自动调整其显示格式，包括颜色、字体及边框等，从而提升数据的可读性和分析效率。借助 AIGC 工具，用户仅需简单表达需求，即可智能化地完成条件格式的设置，进一步简化操作流程。

【案例 4-12】使用 WPS AI 在"销售统计表.xlsx"工作簿中设置条件格式

为了更直观地展示"销售统计表.xlsx"工作簿中的关键数据，夏明选择利用 WPS AI 的"AI

使用 WPS AI 在"销售统计表"工作簿中设置条件格式

条件格式"功能来添加条件格式。

（1）继续上一个案例，选择"WPS AI"/"AI条件格式"命令，打开"AI条件格式"对话框，输入"平均销量小于200的整行标记为红色"提示词，单击"提交"按钮➤，如图4-33所示，WPS AI生成条件格式。

图4-33　"AI条件格式"对话框

（2）单击"完成"按钮应用条件格式，如图4-34所示。

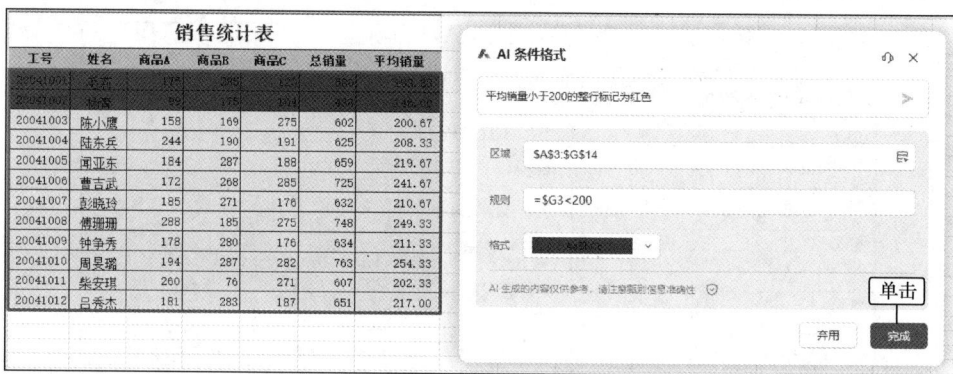

图4-34　应用条件格式

（3）选择"WPS AI"/"AI条件格式"命令，打开"AI条件格式"对话框，输入"总销量排名前3的单元格标记为绿色"提示词，单击"提交"按钮➤，生成条件格式，单击"完成"按钮应用条件格式，如图4-35所示。

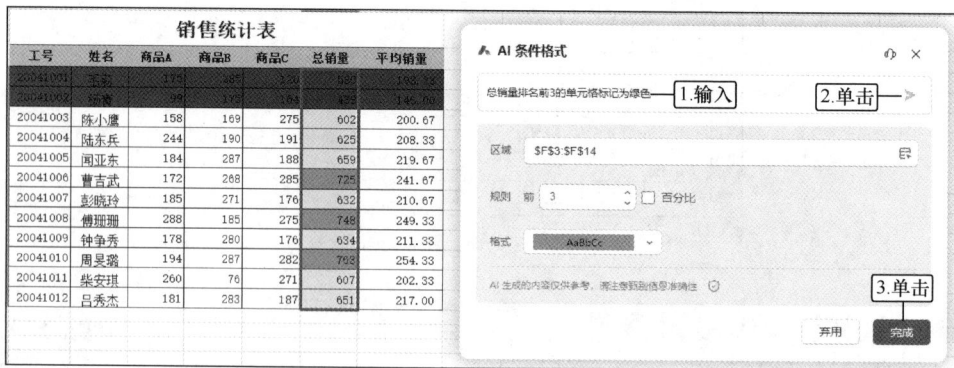

图4-35　生成并应用条件格式

（4）保存"销售统计表.xlsx"文件（配套资源：\效果\第4章\销售统计表.xlsx）。

▶▶▶ 4.3.3　AI表格生成

用户只需通过简单的指令或描述，便能使用AIGC工具生成符合预期的电子表格。这不仅降低了操作门槛，还使更多人能够便捷地利用电子表格进行数据处理和管理工作。

【案例 4-13】使用 WPS AI 生成"员工信息统计表.xlsx"工作簿

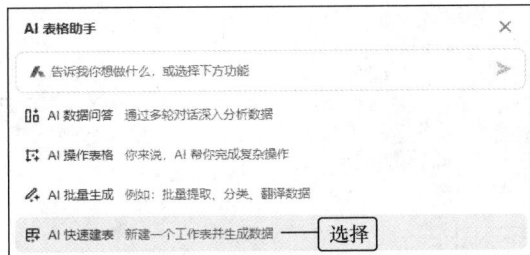

夏明需要创建一个"员工信息统计表.xlsx"工作簿，为快速完成这项工作，夏明选择利用 WPS AI 的"AI 快速建表"功能来创建表格。

（1）选择"WPS AI"/"AI 表格助手"命令，打开"AI 表格助手"对话框，选择"AI 快速建表"选项，如图 4-36 所示。

使用 WPS AI 生成
"员工信息统计表"
工作簿

图 4-36　选择"AI 快速建表"选项

（2）在打开的"AI 快速建表"对话框中，输入"帮我制作一个员工信息统计表，并填充10 行数据。"提示词，单击"提交"按钮➤生成表格，单击"保留"按钮保留生成的表格，如图 4-37 所示。

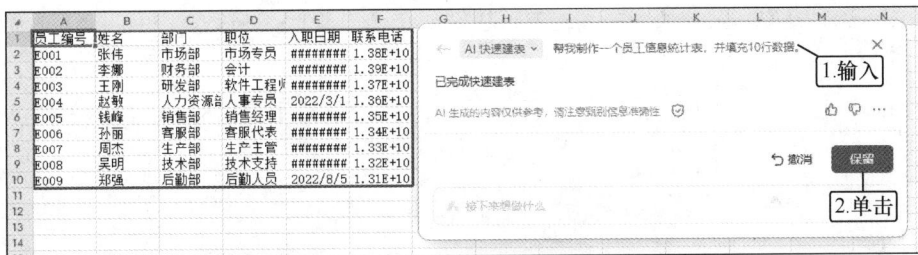

图 4-37　生成并保留表格

（3）选择 A1:F10 单元格区域，选择"开始"/"行和列"命令，单击"行和列"下拉按钮，在打开的下拉列表中选择"最合适的列宽"选项，自动调整列宽，如图 4-38 所示。

图 4-38　自动调整列宽

▶▶▶ 4.3.4　AI 数据生成

AIGC 工具可以帮助用户生成电子表格中的数据。

【案例 4-14】使用 WPS AI 生成"用户评价.xlsx"工作簿中的回复内容

为高效地完成工作，夏明决定利用 WPS AI 的"AI 批量生成"功能，

使用 WPS AI 生成
"用户评价"工作簿
中的回复内容

根据"用户评价.xlsx"工作簿中的用户评价内容，自动生成相应的回复内容。

（1）使用 WPS 表格打开"用户评价.xlsx"工作簿（配套资源：\素材\第 4 章\用户评价.xlsx），选择 B1:B11 单元格区域。

（2）选择评价内容，选择"WPS AI"/"AI 表格助手"命令，打开"AI 表格助手"对话框，选择"AI 批量生成"选项，在文本框中输入"根据评价内容生成对应的回复"提示词，单击"提交"按钮➤，如图 4-39 所示，WPS AI 将生成对应的回复内容，并显示前 3 条的具体内容。

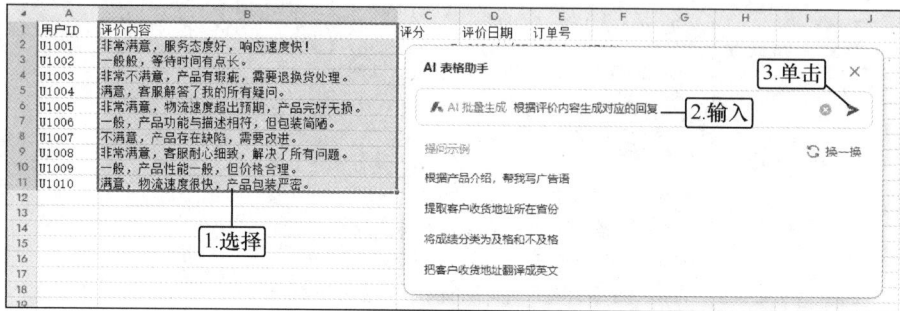

图 4-39　输入提示词

（3）单击"执行"按钮，如图 4-40 所示。WPS AI 将插入一个"AI 批量生成"列，并在其中填写生成的回复内容，如图 4-41 所示。

（4）单击"保留"按钮保留生成的内容，然后单击"关闭"按钮，关闭"AI 表格助手"对话框。

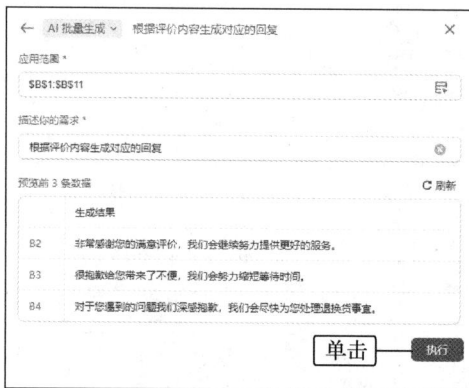

图 4-40　单击"执行"按钮

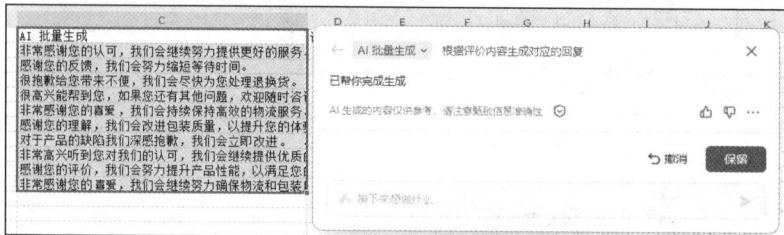

图 4-41　插入"AI 批量生成"列

（5）将"AI 批量生成"修改为"回复内容"，然后调整列宽以显示完整的回复内容，如图 4-42 所示（配套资源：\效果\第 4 章\用户评价.xlsx）。

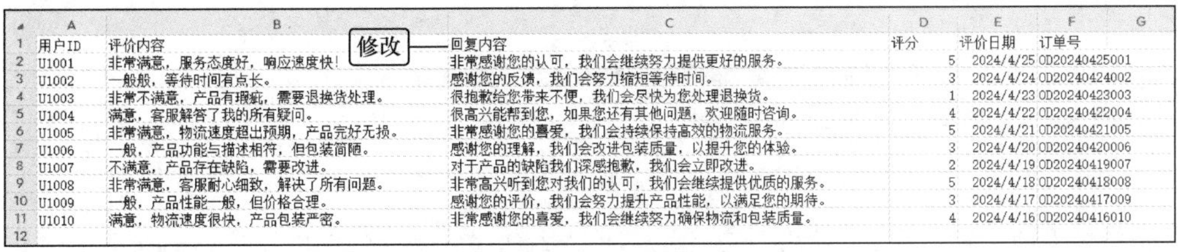

图 4-42 修改字段名称并调整列宽

▶▶▶ 4.3.5　AI 表格操作

使用 AIGC 工具，用户可以在电子表格中完成设置单元格格式、排序、设置行高和列宽、计算数据等操作。

【案例 4-15】 使用 WPS AI 调整 "学生成绩.xlsx" 工作簿的格式

使用 WPS AI 调整 "学生成绩" 工作簿的格式

为高效地完成工作，夏明决定利用 WPS AI 的 "AI 操作表格" 功能调整 "学生成绩.xlsx" 工作簿的格式。

（1）打开 "学生成绩.xlsx" 工作簿（配套资源：\素材\第 4 章\学生成绩.xlsx），如图 4-43 所示。选择 "WPS AI" / "AI 表格助手" 命令，打开 "AI 表格助手" 对话框，选择 "AI 操作表格" 选项，然后在文本框中输入 "合并第 1 行，并居中对齐" 提示词，单击 "提交" 按钮➤。WPS AI 自动生成一段脚本并运行，单击 "保留" 按钮保留结果，如图 4-44 所示。

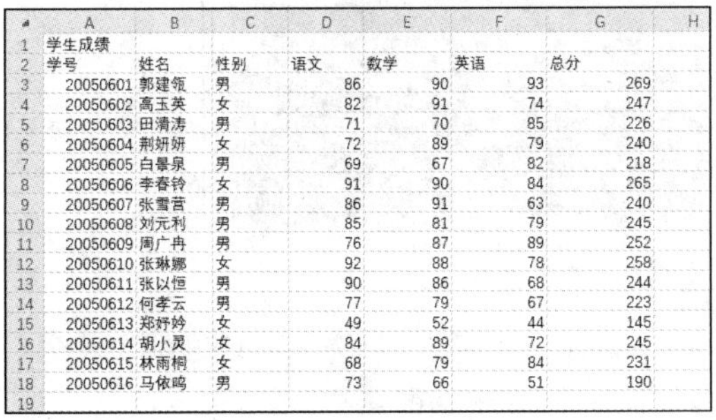

图 4-43　"学生成绩.xlsx" 工作簿

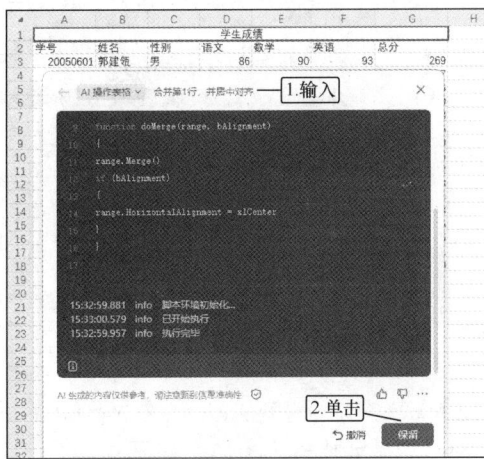

图 4-44　生成脚本并运行

（2）按照相同的方法，在文本框中输入 "设置第 1 行行高为 40 磅，字号为 25，加粗" 提示词，单击 "提交" 按钮➤设置表名格式，如图 4-45 所示。单击 "保留" 按钮保留结果。

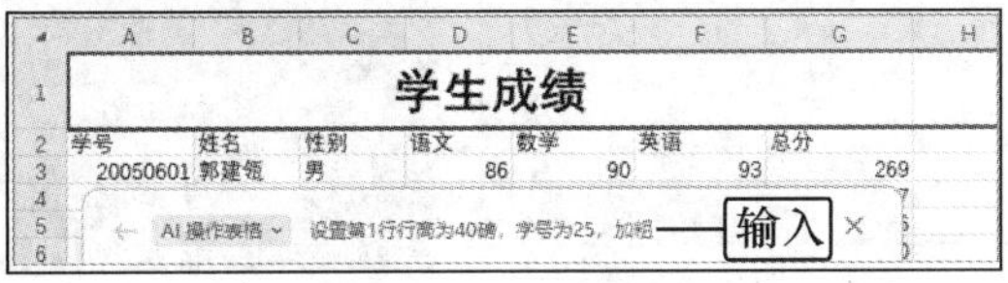

图 4-45　设置表名格式

（3）按照相同的方法，在文本框中输入 "设置第 2 行行高为 20，居中对齐，字号为 14，加粗，底纹为灰色" 提示词，单击 "提交" 按钮➤设置表头格式，如图 4-46 所示。单击 "保留" 按钮保留结果。

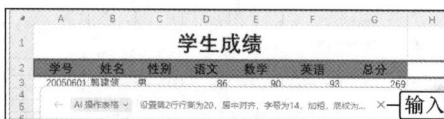

图 4-46　设置表头格式

（4）按照相同的方法，在文本框中输入"A2:G18 单元格区域外部框线粗细设置为 1 磅，内部框线粗细设置为 0.5 磅，文本居中对齐"提示词，单击"提交"按钮➤设置表格边框，如图 4-47 所示。单击"保留"按钮保留结果。

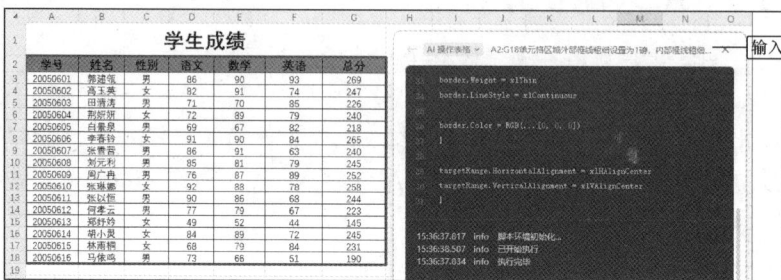

图 4-47　设置表格边框

（5）继续在文本框中输入"按 G 列降序排列"提示词，单击"提交"按钮➤排序表格，如图 4-48 所示。单击"保留"按钮保留结果。

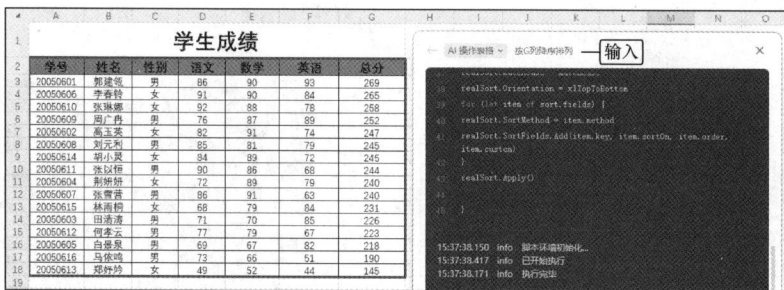

图 4-48　排序表格

（6）在文本框中输入"分数小于 60 的标为橙色"提示词，单击"提交"按钮➤，将分数小于 60 的单元格标为橙色，如图 4-49 所示。单击"保留"按钮保留结果。

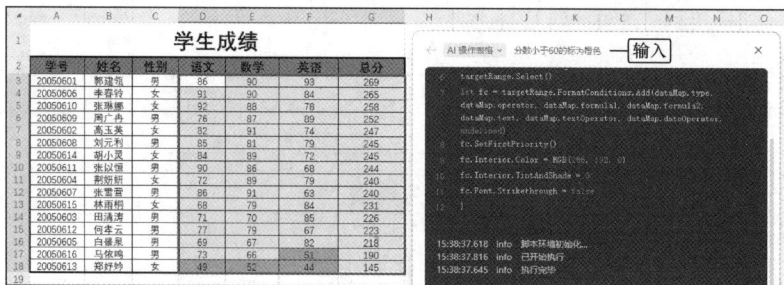

图 4-49　将分数小于 60 的单元格标为橙色

（7）按【Ctrl＋S】组合键保存工作簿（配套资源：\效果\第 4 章\学生成绩.xlsx）。

▶▶▶ 4.3.6 AI 数据分析

使用 WPS AI 分析"商品分析"工作簿中的数据

在传统的工作场景中，分析电子表格中的数据往往依赖于人工操作，不仅费时费力，还容易出错。特别是在面对海量数据时，想要快速找到特定信息，无异于大海捞针。而 AIGC 工具的出现，能够有效解决这一难题。AIGC 工具能够即时响应用户的需求，完成数据查询、数据分析等操作。

【案例 4-16】使用 WPS AI 分析"商品分析.xlsx"工作簿中的数据

（1）使用 WPS 表格打开"商品分析.xlsx"工作簿（\素材\第 4 章\商品分析.xlsx）。

（2）选择"WPS AI"/"AI 表格助手"命令，打开"AI 表格助手"对话框，选择"AI 数据问答"选项，如图 4-50 所示。

图 4-50 选择"AI 数据问答"选项

（3）在打开的"AI 表格助手"对话框中输入"检查数据中是否有异常"提示词，单击"提交"按钮➤，如图 4-51 所示。打开"AI 数据问答"对话框，经 WPS AI 分析，发现存在支付买家数大于下单买家数的情况，如图 4-52 所示。

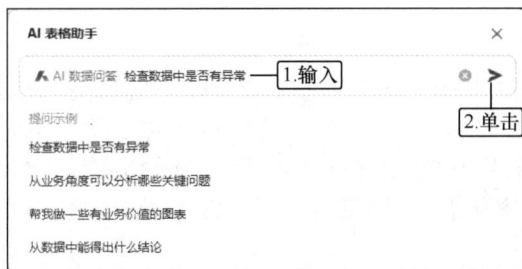

图 4-51 输入"检查数据中是否有异常"提示词

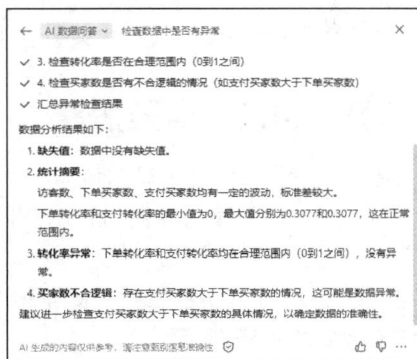

图 4-52 WPS AI 分析结果

（4）在"AI 数据问答"对话框中输入"哪些商品的支付买家数大于下单买家数"提示词，单击"提交"按钮➤。WPS AI 分析后得出"只有'N 商品'的支付买家数大于下单买家数"的结论，如图 4-53 所示。

（5）将 N 商品的下单买家数改为 1，在"AI 数据问答"对话框中输入"从业务角度可以分析哪些关键问题"提示词，单击"提交"按钮➤，WPS AI 分析后得出的结果如图 4-54 所示。

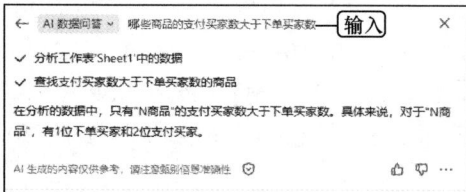

图 4-53　WPS AI 分析后得出的结论

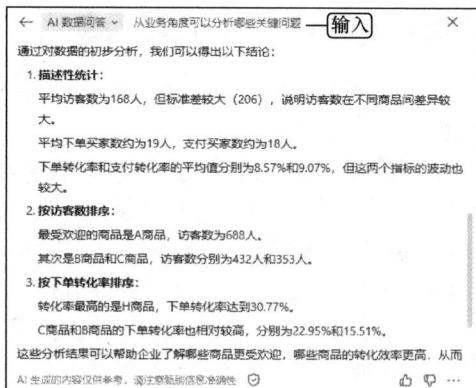

图 4-54　从业务角度进行分析

4.4　综合实践

本章核心内容聚焦于 AIGC 工具辅助高效办公的三大领域，包括 AI 处理办公文档、AI 制作 PPT 和 AI 处理电子表格。为增强读者对本章知识的理解与提高读者的实战能力，接下来，将通过一个实践案例——制作公司年度总结报告文档和 PPT，以具体展示如何灵活运用所学知识，达到效率与创新性的双重提升，帮助读者在日常工作中熟练掌握并深化本章的知识点。

制作公司年度总结报告文档和 PPT

▶▶▶ 4.4.1　实践背景

张可欣，作为××科技有限公司总经办的一名得力干将，面临着撰写公司 2024 年度年终总结报告及制作配套 PPT 的重要任务。为高效且高质量地完成这一任务，确保报告内容既全面又精准，同时让 PPT 既专业又吸引人，她决定使用 AIGC 工具来辅助创作。

▶▶▶ 4.4.2　实践思路

首先，使用 AIGC 工具结合"××科技 2024 年概况.txt"文件生成公司年度总结报告的初稿，并将生成的初稿内容复制到 WPS 文字中。在 WPS 文字中，仔细审阅并适当调整报告的内容和格式，调整完毕后，保存文档。然后，利用 WPS AI 的相关功能，以刚才保存的文档为基准一键生成 PPT。接下来，根据需要调整内容和格式，调整完毕后，保存 PPT 文件。整个操作思路如图 4-55 所示。

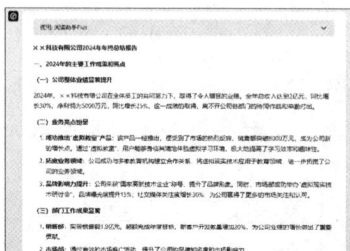

1. 使用 AIGC 工具生成"××科技有限公司 2024 年年终总结报告"
平台：文心一言
上传文件：配套资源为\素材\第 4 章\××科技 2024 年概况.txt。
提示词：请撰写一份关于 2024 年的年终总结报告。
报告内容如下。
(1) 2024 年的主要工作成果和亮点；
(2) 遇到的挑战和困难，以及解决方案；
(3) 对未来一年的展望和计划；
(4) 对团队和个人的评价和建议。

图 4-55　操作思路

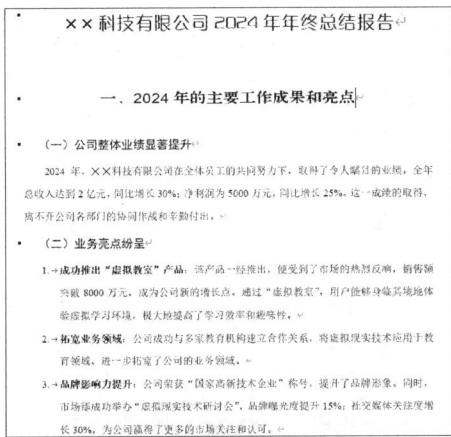

2．使用WPS文字整理并修改文档
软件：WPS文字。
操作：将AIGC工具生成的内容复制到WPS文档中，设置格式，并适当修改内容，然后保存文件。
文档路径：配套资源为\效果\第4章\××科技有限公司2024年年终总结报告.docx。

3．使用WPS AI生成"××科技有限公司2024年年终总结报告"PPT
平台：WPS演示中的WPS AI。
功能：文档生成PPT。

4．在WPS演示中整理并修改PPT
软件：WPS演示。
操作：适当修改WPS AI生成的PPT的内容和格式，然后保存文件。
文档路径：配套资源为\效果\第4章\××科技有限公司2024年年终总结报告.pptx。

图4-55　操作思路（续）

4.5　课后习题

1. 填空题

（1）在文档修改中，AIGC工具可以帮助用户实现文档的_____、_____、_____和_____。

（2）AIGC工具可以智能筛选信息，提升文档的_____，节省用户时间。

（3）使用AIGC工具生成PPT时，用户可以通过输入_____或_____来快速生成PPT。

（4）思维导图是一种用于_____、_____和_____的强大思维工具。

（5）要计算电子表格中的数据，可以使用AIGC工具自动生成_____，简化用户操作。

（6）在电子表格处理中，要突出显示一些特定的数据，可以使用_____进行设置。

2. 单选题

（1）（　　　）不是AIGC在办公领域的应用。

A．文档改写　　　　　　　　　　　　　　B．PPT制作

C. 数据挖掘　　　　　　　　　　D. 表格处理

（2）AIGC 工具在文档处理中最主要的作用是（　　　）。

A. 增加文档字数　　　　　　　　B. 提高文档可读性

C. 自动排版　　　　　　　　　　D. 提升处理效率

（3）（　　　）不是专门用于 PPT 制作的 AI 软件。

A. WPS AI　　　　　　　　　　　B. AI PPT

C. Adobe Illustrator　　　　　　D. iSlide

（4）在使用 AIGC 工具改写文档时，用户不需要提供的是（　　　）。

A. 改写目标　　　　　　　　　　B. 原始文本

C. 文档来源　　　　　　　　　　D. 改写要求

（5）WPS AI 的（　　　）功能可以帮助用户快速调整 PPT 的布局和风格。

A. AI 写公式　　　　　　　　　　B. AI 新建幻灯片

C. AI 全文美化　　　　　　　　　D. AI 表格助手

3. 操作题

（1）夏明需要改写"人工智能发展趋势.docx"文档（配套资源：\素材\第 4 章\人工智能发展趋势.docx），要求语言更加通俗易懂，并增加具体案例，请使用 AIGC 工具辅助改写（配套资源：\效果\第 4 章\人工智能发展趋势.docx）。

（2）夏明需要以"人工智能发展趋势.docx"文档（配套资源：\素材\第 4 章\人工智能发展趋势.docx）为基础制作 PPT，请使用 WPS AI 自动生成 PPT（配套资源：\效果\第 4 章\人工智能发展趋势.pptx）。

第 5 章
AIGC 辅助音频创作

在数字音频技术的飞速发展下，AIGC 逐步影响音频创作领域，为音频创作带来新的变革。从自然流畅的语音合成，到富有情感与创意的音乐创作，再到高效便捷的音频处理与分析，AIGC 以其强大的智能算法和无限的创意潜力，极大地丰富了音频创作的手段与形式。本章将深入探索 AIGC 在音频创作领域的广泛应用，通过理论讲解与实践案例相结合的方式，介绍相关技术与工具的使用方法。

【学习目标】

知识目标
- 了解 AI 语音合成技术的基本知识。
- 掌握常用的语音合成 AIGC 工具的使用方法。
- 掌握常用的音乐创作 AIGC 工具及其功能。
- 认识 AI 在音乐分离、音频转文本、变声等方面的应用。

能力目标
- 能够使用语音合成 AIGC 工具生成自然流畅的语音内容。
- 能够使用 AIGC 音乐创作工具创作出具有独特风格与情感的音乐作品。
- 能够灵活运用 AI 音乐分离、AI 音频转文本、AI 变声等功能，解决音频处理与分析中的实际问题。

5.1 AI 语音合成

当前，AI 语音合成技术已在音频制作领域得到了广泛应用。与传统的人工配音方式相比，AI 语音合成技术表现出更为显著的适用性和灵活性。用户只需简单输入文字脚本，再根据需要选择合适的音效风格，系统便能迅速生成多种风格迥异的配音版本，极大地节省制作时间，提高用户的创作效率。

▶▶▶ 5.1.1 语音合成技术简介

语音合成（Speech Synthesis）技术是一种将基本语音信息数字化，然后利用计算机系统仿真出人类的声音的技术。这种技术也简称为 TTS（Text To Speech，文本—语音转换），意思为"从文本到语音"，是一种先进的 AI 技术，其核心功能在于将文本信息精准转换为自然流畅的语音并进行输出。这项技术深入模拟了人类的发声机理，致力于创造出难以分辨真伪、自然且连贯的语音效果。

语音合成技术的应用范围广泛，几乎在所有需要声音播报的场景中，都可以应用语音合成技术。从新闻播报、小说朗读，到视频中的音频讲解，语音合成技术以其独特的优势，为音频创作增添了生动的声音元素。

1. 语音合成技术的优势

与传统配音方式相比，语音合成技术具有显著优势，主要体现在以下两个方面。

- 显著提升创作效率：语音合成技术的快速语音生成能力极大地减轻了用户在配音环节的工作负担，进而有效缩短整体创作周期。尤其在短视频制作等时间紧迫的项目中，这一优势表现得尤为突出。
- 有效控制配音成本：相较于传统的真人配音，语音合成技术的成本较低。真人配音的费用通常按分钟计算，从几十元到几百元不等，若有大量配音需求，将产生较高的成本。而语音合成技术不仅速度快，还能显著降低配音成本，对网络文学、儿童绘本等需要大量配音的内容来说，这一优势尤为突出。

2. 语音合成技术的应用领域

语音合成技术应用的领域广泛，主要有以下 4 个领域。

- 自媒体领域：在自媒体行业中，语音合成技术的应用广泛。无论是短视频的配音、新闻的播报，还是广播剧的制作，语音合成技术都为用户带来了更加丰富的语音体验，能够增强内容的吸引力和传播力。
- 智能语音助手：智能语音助手是语音合成技术应用较为广泛的领域。用户可以通过语音指令与助手进行交互，如获取信息、操作设备等。例如苹果的 Siri、亚马逊的 Alexa 等，均利用语音合成技术将文本信息转化为自然语音并进行输出，从而提升用户体验。
- 电子教材与辅助教学：在教育领域，语音合成技术同样有广泛的应用。例如，在电子教材中，语音合成技术能为学生提供有声读物、学习资料的朗读以及外语发音辅助等。这些应用不仅能够提高学生的学习兴趣，还能有效提升教学效果，使学习变得更加高效和有趣。
- 无障碍服务：对有视力障碍的人士来说，语音合成技术更是无障碍服务领域中的关键一环。语音合成技术能将文本信息转换为语音并进行输出，有视力障碍的人士能够轻松利用智能手机等设备接收语音信息，从而享受更加便捷和自主的信息获取体验。

▶▶▶ 5.1.2 声音复刻技术简介

声音复刻又称声音克隆，是语音合成技术的个性化应用，用户可通过少量的录音进行模型训练，从而得到与用户本人在音色和发音风格上非常相似的声音模型。声音复刻作为 AI 领域的一项新兴技术，正以其强大的声音模拟与生成能力，逐渐改变着我们对语音合成技术的传统认知。声音复刻技术通过精密分析声音的多种特征，包括音高、音长、音强以及独特的音色等，能够生成与原始声音高度相似的新语音。

声音复刻技术的出现，不仅极大地拓宽了语音合成的应用边界，更为用户带来了更加个性化的体验。借助这一技术，用户能够轻松使用自己的声音进行语音合成，无论是用于创作个性化的语音内容，还是实现跨语言交流，都十分便捷，真正实现了"让任何人说任何语言"的愿景。

▶▶▶ 5.1.3 常用的语音合成 AIGC 工具

近年来，语音合成技术取得了飞速发展，为人们的生活和工作带来了极大的便利。下面介绍两款较为常用的语音合成 AIGC 工具。

1. 讯飞智作

讯飞智作是由科大讯飞推出的一款 AI 创作助手，其中的语音合成功能为用户提供了较为全面的语音合成服务。讯飞智作拥有众多虚拟主播，这些虚拟主播不仅风格各异，还能根据用户需求进行智能配音。在讯飞智作平台上，用户只需输入文本或录音，就能一键完成语音作品的输出。凭借讯飞智作高效的音频合成能力，用户能够快速获得高质量的作品。

2. 魔音工坊

魔音工坊是一款 AI 配音软件，它广泛应用于视频配音、新闻播报、有声书、有声电台等多种配音场景。魔音工坊拥有庞大的声音库，包括 800 多款音色和 1000 多种声音风格，为用户提供了丰富的配音选择。魔音工坊的配音功能十分强大，用户可以选择不同的说话风格、调节语速、处理多音字、调节停顿等，以获得更加自然流畅的配音效果。

【案例 5-1】合成"麻婆豆腐"短视频的音频

合成"麻婆豆腐"短视频音频

夏明计划制作一个关于如何制作麻婆豆腐的短视频，旨在分享这道经典川菜的家常做法与烹饪技巧。为确保视频内容既专业又吸引人，同时减少自己录制旁白的工作量，他决定采用讯飞智作来进行短视频的配音。

（1）进入讯飞智作网站首页，单击"讯飞配音"超链接进入讯飞配音网页，在其中输入短视频的配音文本，如图 5-1 所示。

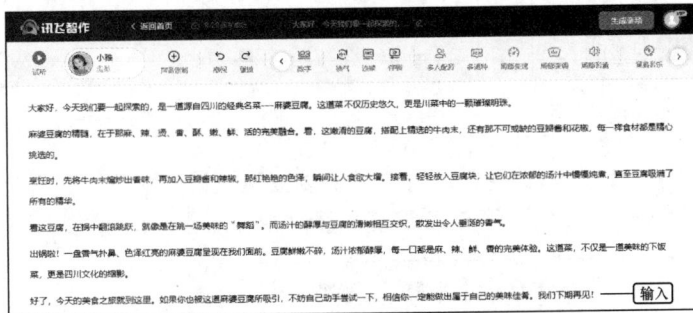

图 5-1　输入短视频的配音文本

（2）单击主播头像，在打开的对话框中选择主播，如这里选择"欣瑶"主播，单击"使用"按钮，如图 5-2 所示。

图 5-2　选择主播

（3）单击"背景音乐"按钮，在打开的对话框中选择"轻柔舒缓音乐5"选项，单击"使用"按钮，如图5-3所示。

图5-3　选择背景音乐

（4）单击"生成音频"按钮，打开"作品命名"对话框，设置名称为"麻婆豆腐短视频配音"，格式为"mp3"，单击"确认"按钮，如图5-4所示。

（5）在打开的"订单支付"对话框中，单击"去下载"按钮，如图5-5所示。

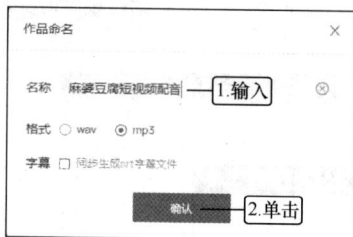

图5-4　设置名称和格式

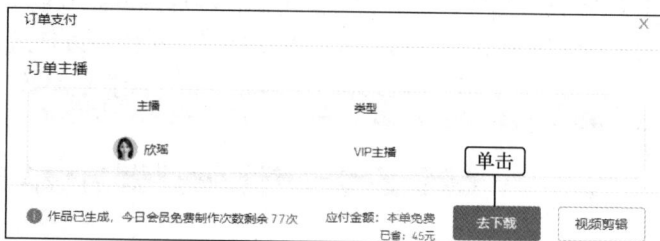

图5-5　"订单支付"对话框

（6）单击网页的"AI配音"选项卡，单击"麻婆豆腐短视频配音"右侧的"下载"按钮↓，下载音频文件（配套资源：\效果\第5章\麻婆豆腐短视频配音.mp3），如图5-6所示。

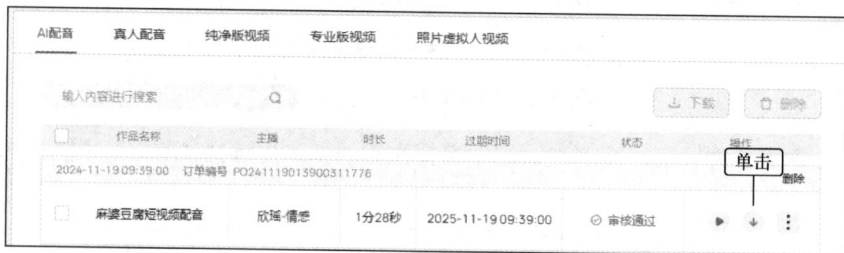

图5-6　下载音频文件

【案例5-2】定制自己的声音进行AI配音

夏明想使用自己的声音进行AI配音，于是他尝试使用讯飞智作的"声音定制"功能复刻自己的声音。

（1）在"讯飞配音"页面中单击"声音定制"按钮，打开"极速定制"对话框，使用微信扫描其中的小程序码，打开"讯飞智作"微信小程序。

（2）点击"形象声音复刻"按钮，在打开的列表中选择"声音复刻"

定制自己的声音
进行AI配音

选项，如图5-7所示。

（3）打开"秒级构建"界面，在"声音素材采集"下长按"录制"按钮 ，然后朗读界面中的文本，如图5-8所示。

（4）录制完成后，在打开的"提交定制"界面中，设置声音名称和声音性别，点击"提交定制"按钮完成定制，如图5-9所示。

（5）返回小程序首页，点击"AI音视频"按钮，在打开的列表中选择"AI配音"选项，进入"AI配音创作"界面，可选择刚才定制的声音进行AI配音，如图5-10所示。

| 图5-7 选择"声音复刻"选项 | 图5-8 采集声音素材 | 图5-9 设置声音信息 | 图5-10 使用定制的声音进行配音 |

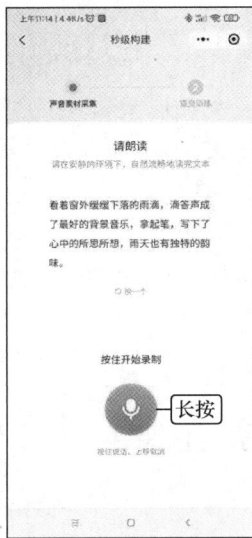

通过扫描微信二维码登录讯飞智作网页端后，用户可以在网页端使用在微信小程序中定制的声音进行AI配音。

5.2 AI音乐创作

音乐创作AIGC工具在传统的音频处理技术基础上，还深度整合了深度学习、神经网络等技术。使用AIGC工具进行音乐创作，不仅有利于拓宽音乐创作的边界，更为音乐创作者提供了新的灵感来源和创作工具。

5.2.1 AI音乐创作的流程

AI音乐创作的核心是通过分析大量的音乐数据集，生成新的音乐片段或完整的音乐作品。AI音乐创作工具能够识别音乐的模式和结构，模仿不同的风格、节奏、旋律特征进行创作。下面讲解AI音乐创作的流程。

1. 数据收集和预处理

AI音乐创作的起点是大规模的数据收集。这些数据包括各种类型的歌曲，涵盖从古典到现代、从流行到实验音乐等多种风格。通过数据预处理，AI 系统能够清洗、整理和标注这些数据，以便后续进行分析和学习。

2. 模型训练

模型训练是 AI 音乐创作的核心环节。基于深度学习和神经网络系统，AI 系统通过分析预处理后的音乐数据，学习音乐的旋律、和声、节奏等基本元素，以及它们之间的组合规律和结构。常用的神经网络模型包括卷积神经网络和循环神经网络，它们能够捕捉到音乐中的复杂模式和序列信息。

3. 生成新的音乐

在模型训练完成后，AI 系统便能够根据用户的需求和设定的参数，生成新的音乐。这一过程涉及从已有音乐元素中抽取特征，并按照学习到的规律进行组合和创新。例如，用户可能希望生成一首具有特定风格、节奏或情感基调的音乐，AI 系统能够基于这些要求，创作出符合用户期望的音乐。

4. 后期处理

后期处理是提升 AI 生成的音乐质量的重要环节。在这一阶段，AI 系统会精细地调整和优化生成的音乐，包括调整音高、节奏、音量等参数，以及添加混响、均衡等效果，使音乐更加自然、生动和富有表现力。

▶▶▶ 5.2.2 常用的音乐创作 AIGC 工具

音乐创作 AIGC 工具能够精准地解析音乐的旋律、和声、节奏以及特定艺术家的音乐风格等核心要素，并以此为基础，创作出新的音乐。目前，音乐创作 AIGC 工具主要有 Suno、网易天音等。

1. Suno

Suno 是一款由哈佛大学和麻省理工团队开发的人工智能音乐生成器，旨在通过简单的文本提示快速生成歌曲。用户只需输入音乐风格、歌词内容、音色等提示词，Suno 便能在几秒内生成带有歌词和节拍的完整音乐。该平台支持多种音乐风格和语言，且能创作个性化的语音效果和音效。Suno 利用先进的深度学习算法，经过大量音乐数据库的训练，保证生成音乐的原创性和吸引力。其 V3.5 版本更是提升了音乐生成的质量和流畅性，为用户带来更加优质的音乐创作体验。Suno 中文站的界面如图 5-11 所示。

图 5-11 Suno 中文站的界面

2. 网易天音

网易天音是网易云音乐推出的一款一站式 AI 音乐创作工具，集成 AI 编曲、AI 一键写歌、AI 作词等功能。网易天音能够根据用户输入的歌词、旋律、节奏等信息，自动生成个性化的歌曲，支持多种音乐风格。用户无须完全掌握乐理知识，只需简单操作即可完成音乐创作，并可将作品保存到本地或分享到社交平台。网易天音降低了音乐创作的门槛，让更多人有机会实现音乐梦想。网易天音的界面如图 5-12 所示。

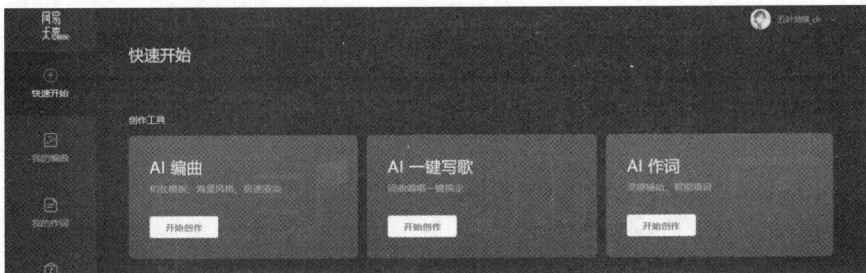

图 5-12　网易天音的界面

▶▶▶ 5.2.3　音乐生成

为了利用 AIGC 工具创作出优美的音乐，用户需要理解并熟练掌握 AI 音乐创作中提示词的设计原则与设计方法。通过这一过程用户能有效地组合各种要素，使 AI 模型能够更精准地捕捉音乐的风格特点、情感表达和结构框架，从而将提示词成功转化为动人的音乐。音乐提示词主要包括音乐主题、音乐风格、音乐情感和节拍速度等关键要素。

1. 音乐主题

在音乐创作的过程中，音乐主题扮演着至关重要的角色，它作为核心旋律、和声或节奏模式的集中体现，将整个歌曲紧密相连，形成统一而完整的艺术表达。在使用 AIGC 工具创作时，音乐主题被进一步简化为一系列直观且富有象征意义的词汇，诸如星空、旅行、梦想等，这些词汇清晰地界定了音乐作品的主题范围，能有效指导作品的情感表达和歌词创作方向。

以网易天音为例，新建歌曲时，在"关键字灵感"选项卡中可以通过多个关键词来设置歌曲的主题，如图 5-13 所示，在"写随笔灵感"选项卡中可以通过一句话来设置歌曲的主题，如图 5-14 所示。

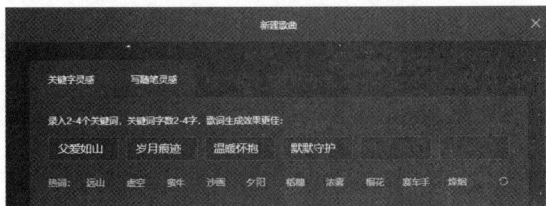

图 5-13　"关键字灵感"选项卡

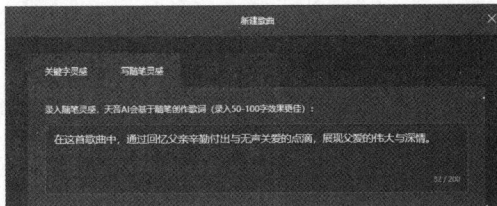

图 5-14　"写随笔灵感"选项卡

2. 音乐风格

人们听音乐时，往往会先被其风格所吸引。音乐的风格不仅定义了音乐的特性，还能激发听众不同的情感反应。同样，在使用 AIGC 工具时，精确描绘音乐的风格尤为重要。无论是古典音乐的庄重、摇滚音乐的狂热还是爵士音乐的随性，都需要用准确的词语来描述，以便 AIGC 工具能更好地捕捉并再现这些风格。

表 5-1 所示为常见的音乐风格与其应用领域。

表 5-1　常见的音乐风格与其应用领域

音乐风格	简介	应用领域
古典音乐	源于欧洲的传统音乐流派，包括巴洛克、古典和浪漫主义等时期。特点为系统性、经典性和严肃性	音乐会、音乐节、电影配乐、舞蹈、戏剧、学术研究
摇滚音乐	起源于 20 世纪中叶的美国，以强烈的节奏、电吉他的使用以及具有反叛精神的歌词为特点	演唱会、音乐节、电影、广告、游戏
爵士音乐	起源于 19 世纪末 20 世纪初的美国，以即兴演奏、复杂的节奏和独特的和声为特点	音乐会、电影配乐、舞蹈
电子音乐	使用电子合成器和计算机技术制作的音乐，风格多样，包括舞曲、环境音乐等	派对、音乐节、电影、广告
流行音乐	通俗易懂、易于传唱的音乐，常融合多种元素，如摇滚、电子、民谣等	广播、电视、广告、演唱会、音乐节
民族音乐	反映各民族独特文化、历史和生活方式的音乐，具有地域性和民族性	民间活动、节庆、音乐会、文化交流
嘻哈音乐	起源于 20 世纪 70 年代的美国，以说唱和街头文化为特点	演唱会、音乐节、电影、广告
乡村音乐	源于美国南部农村地区，以吉他、小提琴等乐器和叙事性歌词为特点	音乐会、乡村音乐节、电影、广告

许多音乐创作 AIGC 工具都提供选择音乐风格的功能，如在 Suno 的"音乐流派"栏中提供了大量的音乐风格供用户选择，如图 5-15 所示。

3. 音乐情感

情感词汇，即那些能够直接点明心情、情绪与感情倾向的词汇，如快乐、悲伤、激动、宁静、浪漫等。在提示词中融入情感词汇，可以引导 AIGC 工具更加精准地模拟出与这些情感相对应的音乐主题，从而创作出更加富有感染力的歌曲。例如，Suno 的"音乐风格"栏的"情绪/氛围"中提供了许多情感词汇供用户选择，如图 5-16 所示。

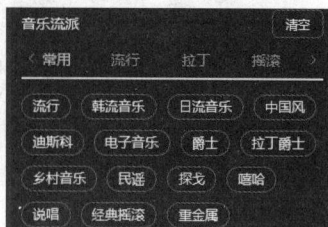

图 5-15　Suno 的"音乐流派"栏

图 5-16　Suno 的"音乐风格"栏

4. 节拍速度

节拍速度是衡量音乐速度的重要指标，部分音乐创作 AIGC 工具提供了选择节拍速度的功能，以确保音乐的律动符合用户需求。不同的节拍速度有着不同的音乐情绪和应用场景，如表 5-2 所示。

表 5-2 节拍速度

节拍速度/BPM	音乐情绪	应用场景
60—90	宁静、深沉、浪漫	慢歌、爵士乐、古典音乐的特定章节、轻松的背景音乐
90—120	轻松、欢快、适中	流行歌曲、摇滚乐、R&B、民谣、日常活动的背景音乐、恰恰、华尔兹
120—150	活力、兴奋、快节奏	快节奏舞曲、流行音乐、运动赛事的背景音乐
160 以上	强烈、紧张、刺激	电子舞曲（部分子流派）、需要高能量氛围的场合

注：BPM（Beat Per Minute，每分钟节拍数）是节拍速度的单位。

在 Suno 的具体使用场景中，可以在提示词中直接加入节拍速度提示词（如"140BPM""80BPM"）来设置节拍速度，如图 5-17 所示。网易天音则可以通过 BPM 范围来调整节拍速度，如图 5-18 所示。

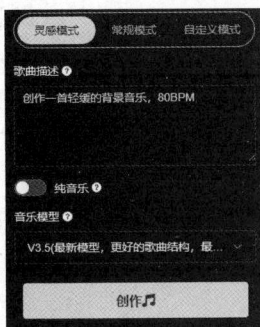

图 5-17 Suno 的节拍
速度提示词

图 5-18 网易天音通过 BPM 范围来调整节拍速度

5. 人声与乐器

AIGC 工具提供多样化的虚拟音色库，包括虚拟人声与乐器，让用户能够选择合适的声音。在 Suno 的具体使用场景中，可以在提示词中指定人声与乐器，也可以通过设置面板来设置人声和乐器，如图 5-19 所示。而网易天音则提供多个不同音色的虚拟歌手，可以生成不同虚拟歌手"演唱"的歌曲，如图 5-20 所示。

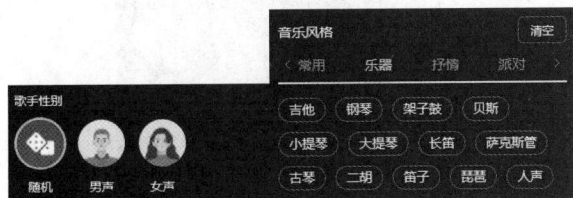

图 5-19 设置人声和乐器的界面

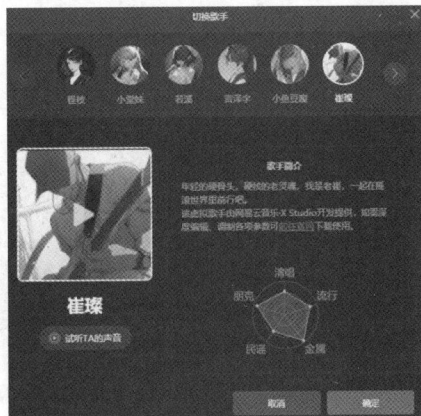

图 5-20 网易天音设置歌手的界面

6. 歌词结构

用户借助 AIGC 工具，可以使歌词的创作过程变得更加便捷和富有创意。AIGC 工具能够依据特定的诗歌韵律或流行音乐的典型结构，自动产生一段符合音乐规范的歌词。同时，用户也可以主动调整歌词的结构，或编辑优化 AIGC 工具生成的歌词，以满足个性化的创作需求。在网易天音中生成歌曲时，可以在"段落结构"栏中设置歌曲的结构，如图 5-21 所示。

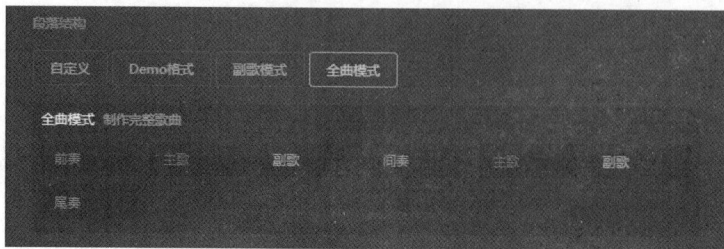

图 5-21　网易天音"段落结构"栏

- 前奏：作为歌曲的起始部分，前奏类似于电影的序幕，其作用在于确定音乐的主题和情感基调。它通常由乐器演奏或人声哼唱构成，能够迅速营造出音乐的氛围。
- 主歌：主歌是歌曲的核心叙述部分，承担着叙述故事、表达情感或展开主题的任务。一首完整的歌曲中，主歌部分往往包含多个段落，每个段落的内容都有可能发生变化，为听众提供丰富的听觉体验。
- 副歌：副歌是歌曲中最令人记忆深刻、旋律最为突出的部分，承载着歌曲的核心主题，是歌曲中具有代表性的旋律。副歌在歌曲中通常多次重复，以强化主题并统一全曲。
- 间奏：间奏位于主歌和副歌之间，作为歌曲主体部分的转折点。它通常包含与主歌和副歌不同的新旋律与和声，为歌曲增添新的元素和变化，推动歌曲向新的阶段发展。
- 尾奏：作为歌曲的结束部分，尾奏可以是总结整首作品的音乐段落，也可以是逐渐减弱直至消失的音乐段落，为歌曲画上圆满的句号。

【案例 5-3】创作一首关于友情的歌曲

张天志想要通过 AIGC 工具来创作一首关于友情的歌曲送给舍友，以借助现代科技的力量表达出心中的情感。

（1）进入 Suno 网站，进入"创作中心"页面，单击"常规模式"选项卡，设置歌手性别为"男声"，如图 5-22 所示。

（2）设置歌曲名称为"友情之光"，单击"AI 生成歌词"按钮，让 AI 自动生成歌词，如图 5-23 所示。

创作一首关于友情的歌曲

图 5-22　设置歌手性别

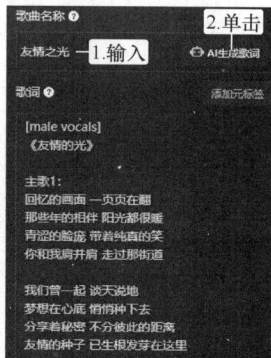

图 5-23　生成歌词

（3）单击"选择音乐风格"按钮，设置音乐流派为"乡村音乐"和"民谣"，设置乐器为"吉他""小提琴""长笛"，如图5-24所示。

（4）设置音乐模型为"V3.5"，单击"创作"按钮，如图5-25所示。

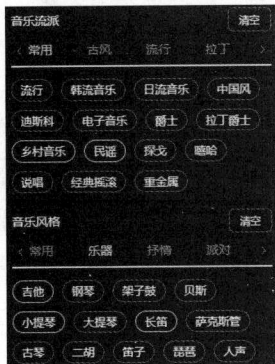

图 5-24　设置音乐流派和乐器　　　　　图 5-25　设置音乐模型

（5）Suno将一次生成两首歌曲，单击歌曲名称前的图标可以播放歌曲，如图5-26所示。

图 5-26　生成歌曲

（6）选择效果更好的一首歌，单击歌曲后的"更多"按钮 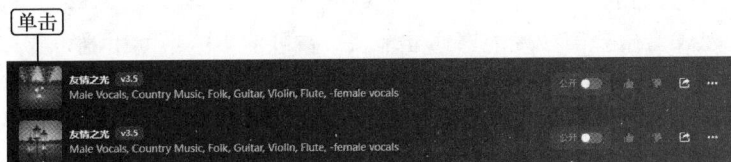，在打开的列表中选择"下载音频"选项，下载音乐文件（配套资源：\效果\第5章\友情之光.mp3）。

如果想使用其他AI歌手或自己的声音生成歌曲，可以单击歌曲后的 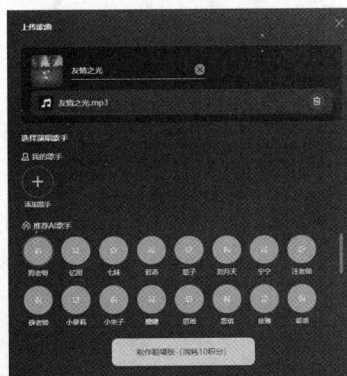 按钮，在打开的列表中选择"选择AI歌手进行翻唱"选项。在打开的对话框中可以选择其他AI歌手进行翻唱，如图5-27所示。也可以单击"添加歌手"按钮，打开"创建我的歌手"对话框，上传自己朗读或清唱歌曲的音频文件以创建歌手，如图5-28所示，然后使用自己的声音生成AI歌曲。

多学一招

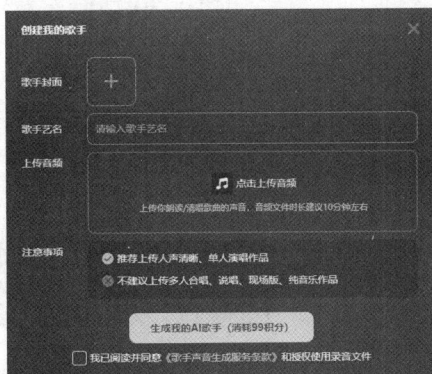

图 5-27　选择 AI 歌手　　　　　图 5-28　"创建我的歌手"对话框

关于 AI 音乐作品的版权问题，各平台的规定各有不同，在 Suno 中使用付费的积分生成的 AI 音乐作品的版权归用户所有，而使用赠送的积分生成的 AI 音乐作品的版权归 Suno 所有。而网易天音生成的 AI 音乐作品的版权较为复杂，会从演唱、作词、作曲、编曲 4 个方面单独计算，并且每个方面还会根据用户修改所占的比例来计算双方的权利比例，如图 5-29 所示。

知识链接

图 5-29　网易天音生成的 AI 音乐作品的权利比例

5.3　其他 AI 音频功能

AI 在音频创作方面的功能远不止语音合成和音乐创作，它还在其他多个方面展现出了卓越的能力。例如，AI 音乐分离技术能够精准地将一首歌曲中的不同乐器声部和人声分离出来，AI 音频转文本功能可以高效地将会议记录、讲座内容或任何音频资料转化为文字资料，AI 变声技术能让用户轻松改变自己的声音特征等。这些功能不仅丰富了 AI 的应用场景，也为我们日常生活和工作带来诸多便利与创新。

▶▶▶ 5.3.1　AI 音乐分离

AI 音乐分离是一种利用 AI 技术，通过复杂的音频信号处理技术，将混合的音频文件中的人声、乐器声和背景音乐等精准分离的技术。AI 音乐分离技术依赖于频谱分析与滤波、机器学习与深度学习、源—滤波器模型等多种原理与技术，能够高效、准确地实现人声和音乐的分离，广泛应用于音乐制作、后期制作、音频分析、版权保护等多个领域，极大地提高了音频编辑的效率和创作的可能性。

以腾讯音乐·启明星云服务中的音乐分离功能为例，其中提供"声伴分离"和"多轨分离"两种方式，如图 5-30 所示。声伴分离可以将音频文件中的歌声和伴奏分离成两个音轨。多轨分离可以将音频文件中的歌声和每一种乐器都单独分离成一个音轨，如图 5-31 所示。

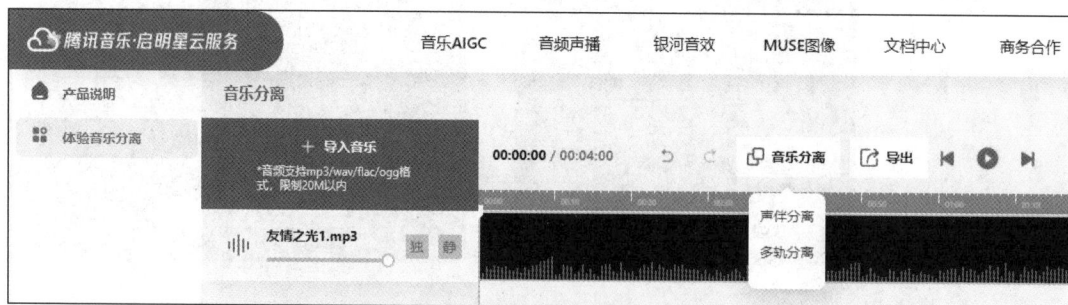

图 5-30　腾讯音乐·启明星云服务中的音乐分离功能

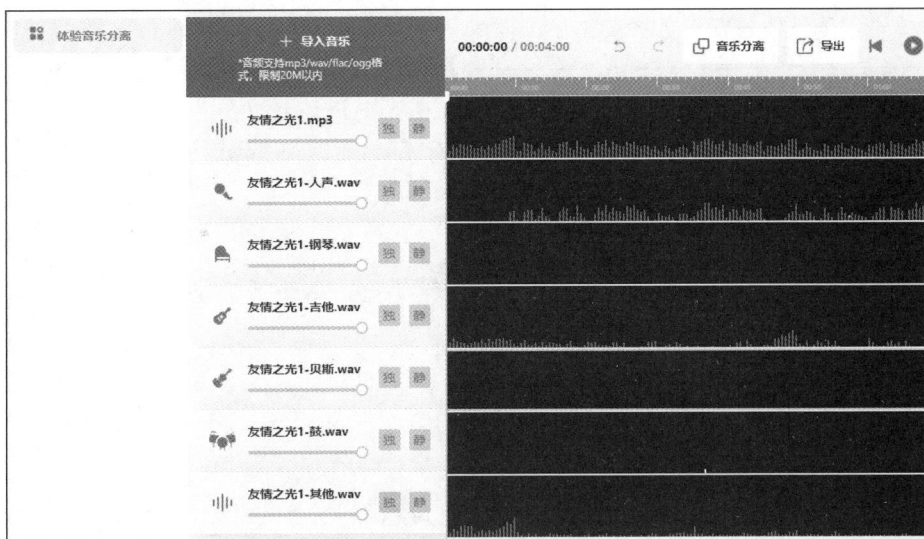

图 5-31　多轨分离后的效果

▶▶▶ 5.3.2　AI 音频转文本

AI 音频转文本是一种利用 AI 技术，将语音或音频内容自动转换成文字形式的技术，广泛应用于会议记录、笔记整理、字幕生成等多个场景，能够提升信息处理效率和便捷性。

例如，通义平台提供的"音视频速读"功能，能够高效地将音视频文件中的语音内容转换成文本，并在此基础上自动生成摘要及思维导图，从而极大地提升信息整理与理解的效率。

【案例 5-4】将年终总结会议音频转换为文本

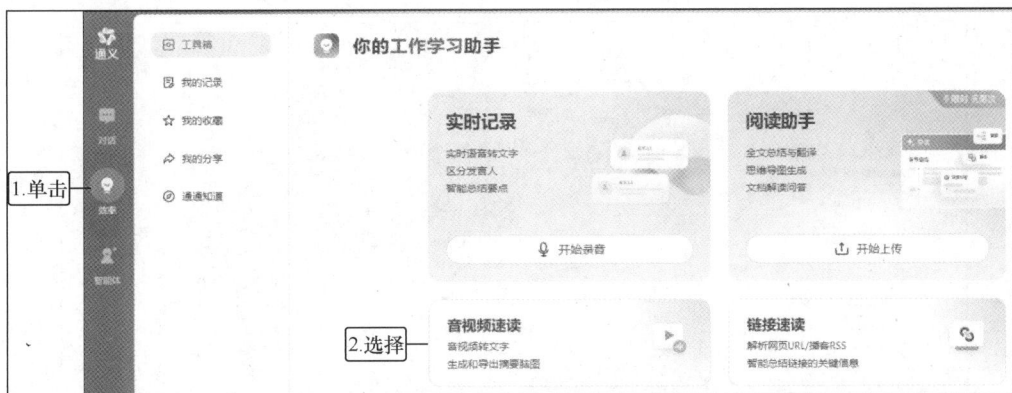

小雅需要将公司年终总结会议的音频内容准确地转换为文本，以便后续的整理、分析和存档。考虑到任务的紧迫性和音频文件的长度，以及为了快速且高效地完成这一转换工作，她决定借助通义平台提供的"音视频速读"功能来完成这一任务。

将年终总结会议
音频转换为文本

（1）在"通义"首页单击"效率"按钮，在打开的页面中选择"音视频速读"选项，如图 5-32 所示。

图 5-32　选择"音视频速读"选项

（2）打开"音视频速读"对话框，在左侧上传"年终总结会议音频.mp3"文件（配套资源：\素材\第 5 章\年终总结会议音频.mp3），然后设置音视频语言为"中文"，区分发言人为"多人讨论"，单击"确认"按钮，如图 5-33 所示。

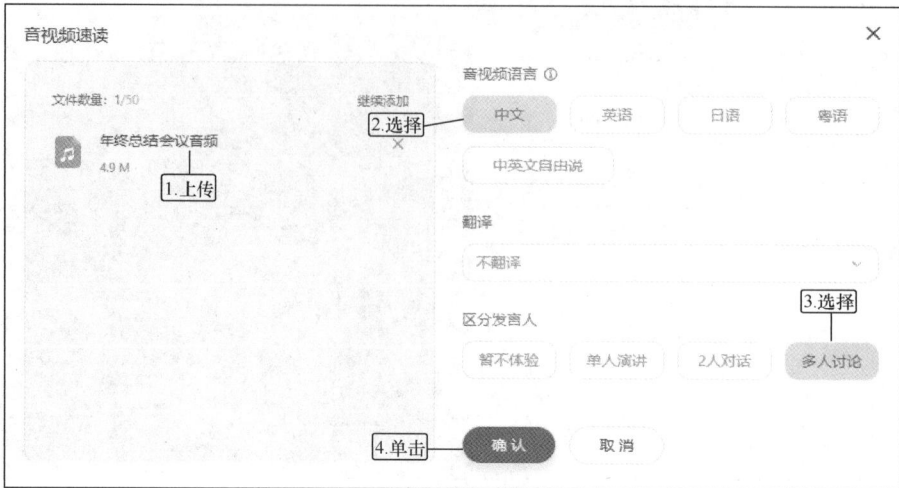

图 5-33 "音视频速读"对话框

（3）AIGC 工具开始转写音频中的内容，转写完成后，在"最近记录"栏中选择新出现的"年终会议总结音频"选项，如图 5-34 所示。

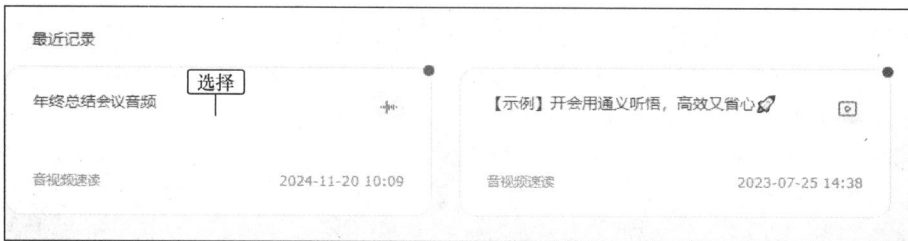

图 5-34 选择"年终会议总结音频"选项

（4）打开"年终会议总结音频"页面，在"语音转文字"栏中可以看到从音频文件中转出的所有文本内容，在"导读"选项卡中可以看到 AIGC 工具从文本内容中总结出的关键词、全文概要和章节速览等内容，如图 5-35 所示。

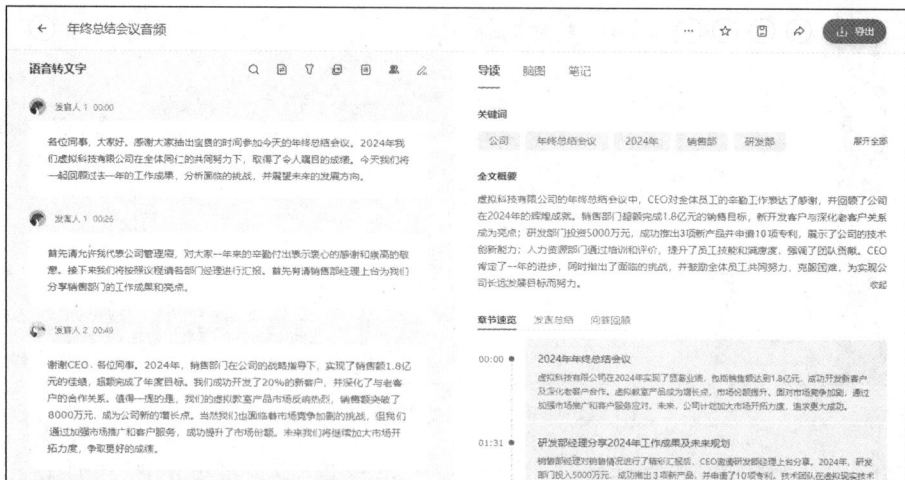

图 5-35 语音转文字效果

▶▶▶ 5.3.3　AI 变声

AI 变声是一种运用 AI 技术改变原始音频中的声音特征，从而将原始声音转换为类似另一个人的声音或者具有特定音效的声音的技术。AI 变声可以改变用户的声音特质，如音调、音色、语速等，实现声音的变换与伪装，广泛应用于娱乐、影视配音、隐私保护、语音合成等领域，为用户带来丰富多样的声音体验。

例如，大饼 AI 变声软件能够模拟出非常逼真的自然人声效果，并提供丰富多样的语音转换功能，包括实时变声、文字转语音、声音复刻等，支持全场景应用，兼容各种游戏和语音客户端，满足用户在不同场景下的变声需求。大饼 AI 变声软件的界面如图 5-36 所示。

图 5-36　大饼 AI 变声软件的界面

5.4　综合实践

本章主要介绍了 AIGC 辅助音频创作的多个领域，包括 AI 语音合成、AI 音乐创作、AI 音乐分离、AI 音频转文本、AI 变声等。为帮助读者更好地理解本章内容与提升实践技能，接下来，将通过一个实践案例——制作春节祝贺视频的配音和背景音乐，生动展示如何灵活运用所学知识，达成创意与技术的深度融合，帮助读者在实战中熟练掌握并强化本章的知识点。

▶▶▶ 5.4.1　实践背景

春节即将来临，小雅计划为公司制作一个充满节日氛围的祝贺视频，以期在岁末年初之际，向全体员工及客户传递最诚挚的新年祝福与美好期许。为确保视频既专业又富有创意，同时节省时间与人力成本，她经过深思熟虑后，决定采用 AIGC 工具来生成配音解说和能够烘托节日气氛的背景音乐。

制作春节祝贺视频的
配音和背景音乐

▶▶▶ 5.4.2　实践思路

先使用文心一言生成视频的解说文本，然后使用讯飞智作的"讯飞配音"功能将解说文本转换为配音，最后使用 Suno 生成背景音乐，其操作思路如图 5-37 所示。

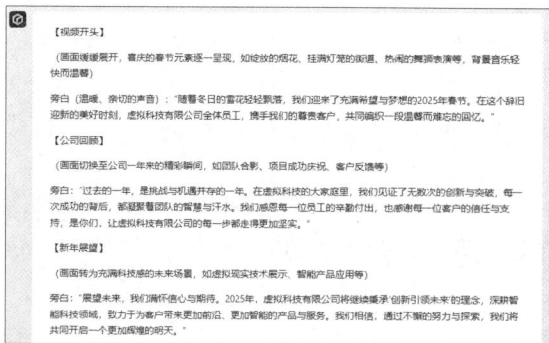

1. 使用文心一言生成视频解说文本
平台：文心一言。
提示词：2025年春节即将来临，我要为虚拟科技有限公司制作一个充满节日氛围的祝贺视频，在岁末年初之际，向全体员工及客户传递最诚挚的新年祝福与美好期许。请帮我生成这个视频的解说词。

2. 使用讯飞智作进行配音
平台：讯飞智作。
AI主播：关山 纪录片（品质）。
效果文件：配套资源为\效果\第5章\春节祝贺视频的配音.mp3。

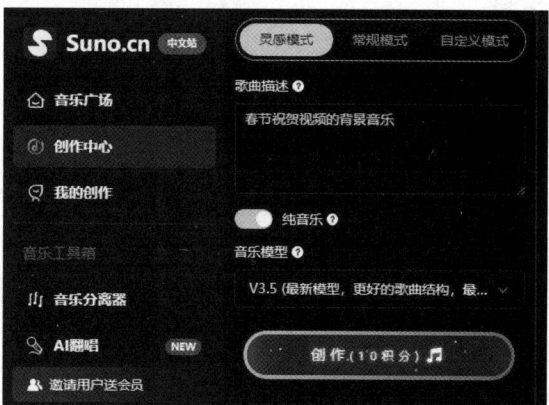

3. 使用Suno生成背景音乐
平台：Suno。
模式：灵感模式。
歌曲描述：春节祝贺视频的背景音乐。
纯音乐：是。
音乐模型：V3.5。
效果文件：配套资源为\效果\第5章\春节祝贺视频的背景音乐.mp3。

图 5-37　操作思路

5.5　课后习题

1. 填空题

（1）AIGC 以其强大的智能算法和无限的创意潜力，极大地丰富了音频创作的_____与_____。

（2）语音合成技术的核心功能在于将_____信息精准转换为自然流畅的_____并进行输出。

（3）声音复刻技术通过精密分析原始声音的多种特征，包括_____、_____、_____以及独特的_____等，进而生成与原始声音高度相似的新语音。

（4）在使用 Suno 进行音乐创作时，用户可以在提示词中直接加入_____提示词来设置节拍速度。

（5）AI 音频转文本技术广泛应用于_____、_____、_____等多个场景。

（6）AI 变声技术通过改变原始音频中的声音特征，实现声音的_____与_____。

（7）在使用网易天音进行音乐创作时，用户可以通过设置歌曲的_____来规划歌曲的结构。

（8）腾讯音乐·启明星云服务提供_____和_____两种音乐分离方式。

2．单选题

（1）以下（　　）不是语音合成技术的优势。

A．提高创作效率　　　　　　　　　　B．增加配音成本

C．适用于多种场景　　　　　　　　　D．提供个性化的配音选择

（2）声音复刻技术主要用于模拟和生成（　　）。

A．音乐　　　　　　B．语音　　　　　　C．歌曲　　　　　　D．视频

（3）（　　）不是常用的语音合成 AIGC 工具。

A．讯飞智作　　　　　　　　　　　　B．Adobe Audition

C．魔音工坊　　　　　　　　　　　　D．百度语音合成

（4）（　　）不是 AI 变声技术的主要应用场景。

A．娱乐　　　　　　　　　　　　　　B．影视配音

C．数据分析　　　　　　　　　　　　D．隐私保护

（5）AI 音乐分离技术主要依赖于（　　）来实现人声和乐器的分离。

A．图像处理技术　　　　　　　　　　B．频谱分析与滤波技术

C．自然语言处理技术　　　　　　　　D．数据挖掘技术

3．操作题

（1）请使用讯飞智作，输入一段关于环保的宣传语，并选择合适的主播和背景音乐，生成一段配音。

（2）利用 Suno，创作一首以"自然"为主题的歌曲，设置音乐风格为"民谣"，并选择合适的乐器和人声。

（3）使用通义平台的"音视频速读"功能，将一段教学视频（配套资源：\素材\第 5 章\网络市场调查.mp4）的音频内容转换为文字，并提取关键词和摘要。

第 6 章
AIGC 辅助视频创作

在数字化时代，视频已成为信息传播和品牌推广的重要载体。然而，制作高质量的视频往往需要专业的团队和大量的时间，这对资源有限的个人创作者或企业来说是一大挑战。随着 AIGC 的飞速发展，视频创作领域正经历着一场革命性的变革。本章将深入探讨 AIGC 如何辅助视频创作，如何快速、高效地创作出优质的视频作品。

【学习目标】

知识目标

- 认识常见的 AI 视频生成工具。
- 掌握 AI 视频生成中提示词的设计方法。
- 掌握常用的 AI 数字人工具及其使用方法。
- 认识数字分身。
- 掌握 AI 视频编辑的相关知识。

能力目标

- 能够根据创作需求设计有效的 AI 视频生成提示词，并利用 AIGC 工具生成视频。
- 能够利用 AI 数字人工具，快速生成高质量的播报视频。
- 能够熟练运用 AI 视频编辑技术。

6.1 AI 视频生成

AI 视频生成技术是基于深度学习、计算机视觉等原理，通过训练大量的数据模型，实现对视频内容的自动理解、编辑和生成的技术。它通过分析大量的视频数据，学习并模拟视频中的视觉元素、运动规律和场景变化，以创造出新的视频内容。

AIGC 工具能高效并富有创造力地创作出情感丰富的短片、设计出引人入胜的广告、生成个性化的动态海报等。更重要的是，AIGC 工具彻底颠覆了传统的视频拍摄模式，省去了摄像机拍摄、灯光布景、后期剪辑等一系列烦琐且耗时的工作流程。

▶▶▶ 6.1.1 常见的 AI 视频生成工具

目前，可用于生成视频的 AIGC 工具有很多，这里主要介绍以下 3 种。

1. Sora

Sora 是 OpenAI 开发的一种文生视频模型，它能够将简单的文本指令转化为长达 60 秒的高清视频，这些视频不仅逼真，而且包含精细的场景、生动的角色表情以及复杂的镜头运动。图 6-1 所示为使用 Sora 生成的视频截图。

图 6-1　使用 Sora 生成的视频截图

2. 智谱清言

智谱清言推出的清影-AI 生视频功能支持用文本和图片生成视频，能够高效理解和执行用户指令，从而生成高质量、连贯的视频内容，其界面如图 6-2 所示。智谱清言还具备 4K 超高清分辨率生成、任意比例生成、多通道生成及自带音效等强大功能，显著提升视频生成的专业性和创意性，为影视创作、广告制作、短视频创作等领域带来全新的创意玩法。

图 6-2　智谱清言的清影—AI 生视频页面

3. 通义万相

通义万相的视频生成功能支持文生视频和图生视频两种模式，用户可以通过输入任意文字提示词或上传图片，快速生成相应的视频，其界面如图6-3所示。该功能集成多项创新技术，能够有效解决画面表现力弱和大幅度运动等视频生成技术难题，为影视创作、动画设计、广告设计等领域带来全新的创意和灵感。

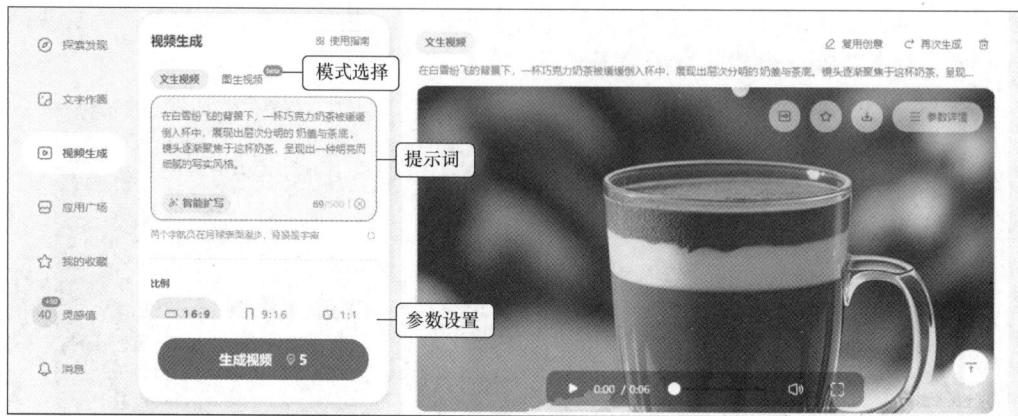

图6-3　通义万相的视频生成界面

▶▶▶ 6.1.2　AI 视频生成提示词设计

为了让 AIGC 工具生成的视频既满足预期又富含创意，需要精心构思提示词。设计高效且具有创意的视频生成提示词应遵循 4 个核心步骤：确定主题与内容、确定视频风格、确定动态效果和确定镜头运动。按这个步骤设计提示词，不仅能确保视频内容的针对性与创意性，还能全面提升视觉效果的流畅度与吸引力。

1. 确定主题与内容

设计 AI 视频生成提示词时，要先明确主题与内容。这包括具体、有指向性地描绘画面中的视觉元素。在描绘画面时，需要注意以下 3 个方面。

- 主体元素：这是视频的核心焦点，需清晰描述对象的特征和状态等。例如"一位小女孩""一只金色拉布拉多犬""一位宇航员"。
- 辅助元素：这些元素用于表现环境、营造氛围，以及阐述时代背景和表现文化细节，以衬托主体。比如"有阳光洒落的客厅""夏日海滩""浩瀚无垠的宇宙"。
- 空间位置关系：合理布局主体元素与辅助元素，构建出层次分明、主次清晰的视频画面。需巧妙结合主体元素与辅助元素，明确空间关系，如"在有阳光洒落的客厅中玩耍的小女孩""在夏日海滩悠闲漫步的金色拉布拉多犬""在浩瀚无垠的宇宙中遨游的宇航员"。

通过精心设计提示词，不仅能够完整保留内容的主题、情感和细节，还能极大地提升信息的精练度和传达效率。

2. 确定视频风格

视频作为一种动态的艺术表现形式，其视觉风格具有多样性。与静态的图像相比，视频通过连续的画面变化，能够展现出更加丰富多变的风格、色调、光线和滤镜效果。在创作视频时，注重视频风格的描绘，能够提升作品的独特魅力和吸引力。

下面列举了一些常见的视频风格提示词，具体如表6-1所示。

表 6-1　常见的视频风格提示词

要点类别	提示词示例
类型	清新自然、复古怀旧、未来科技、梦幻仙境
色调	温暖阳光、冷静深邃、鲜艳活泼、自然纯朴
光线	柔和温馨、强烈对比、逆光剪影、动态光影
滤镜	复古胶片、黑白经典、朦胧梦幻、光晕渲染

结合这些视频风格提示词，我们可以设计出更具表现力的视频提示词。示例如下。

- 视频风格提示词示例 1：采用清新自然风格，以温暖阳光色调呈现，画面中是一位在清晨林间小道上欢快奔跑的少女，光线柔和而温馨。
- 视频风格提示词示例 2：采用复古怀旧风格，结合黑白经典滤镜，展现一位老艺术家在充满岁月痕迹的画室中专注创作的场景，光线柔和而富有层次。

3. 确定动态效果

描述关键动作或事件变化是视频生成的核心，以确保动态变化精准呈现。设计关键动态提示词，能够为 AIGC 工具生成连贯、生动的视频提供指导。

首先，确定执行关键动作的角色或物体，主体元素的运动更吸引人，但辅助元素也可以有动态变化。描绘关键动态可从动作过程、动作轨迹与空间关系、动作情感与意图 3 个角度入手。

- 刻画动作过程：使用动词精确描述，如"跳跃""挥舞"等，并辅以副词细化动作，如"缓缓升起""猛烈撞击"等。例如"微笑的小男孩在歌唱""一只斑点狗在翻滚"。
- 表现动作轨迹与空间关系：描述动作在三维空间中的路径、方向和范围，同时体现主体元素与辅助元素的位置关系。例如"演员从幕后慢慢走到聚光灯下""篮球沿着曲线飞向篮筐""舞者在舞台中央旋转，背景中的彩带环绕其周围飘扬"。
- 展现动作情感与意图：强调动作传达出的情感色彩、目的和意义。例如"恋人在雨中深情相拥，脸上洋溢着幸福的笑容""画家专注地凝视画布，眼神中流露出期待""科学家紧握实验成果，眼中流露出坚定的信念"。

4. 确定镜头运动

在视频拍摄中，常通过调整光轴、机位或焦距来创造多样化的画面。AIGC 工具不仅能自动生成视频，无需实体摄像机，还能模拟镜头运动。

为确保 AIGC 工具能生成生动的视频，提示词需精准指导镜头的运动。例如"镜头缓缓推进，聚焦于雨中相拥的恋人"，"缓缓推进""聚焦"可以指引 AIGC 工具模拟摄像机由远及近，由模糊转清晰，以凸显情侣之间的亲密氛围；还如"镜头平稳地跟随画家手部，展现画笔运动轨迹"，"平稳跟随"可以指引 AIGC 工具模拟摄像机以固定的速度和角度追踪画家手部，以展现创作的连贯性。

常用的镜头运动提示词如下。

- 推镜头：拉近观众与被摄物，突出细节或人物的情绪。
- 拉镜头：远离被摄物，展示广阔的环境或场景。
- 摇镜头：摄像机固定转动，展现宽广的场景或连续的动作。
- 移镜头：摄像机平滑移动，让人仿佛身临其境。
- 跟镜头：持续跟随移动主体。
- 变焦：调整焦距，改变物体大小。
- 旋转：全方位转动，用于 360°观察周围环境或创造特殊视觉效果。
- 平移：水平移动，展示风景或追踪对象。

- 升降格：垂直上升或下降，展现高度、位置变化或创造特殊视觉效果。
- 定向运动：沿特定路径运动，增强动感与体现创意。
- 倾斜：机身倾斜，形成斜角视角，增加视觉冲击力。

▶▶▶ 6.1.3 AI 视频的生成方式

AI 视频的生成方式主要有文生视频和图生视频两种。

1. 文生视频

文生视频是指通过提示词直接生成视频内容。用户只需输入一段描述性的文字作为提示词，AIGC 工具便能凭借其强大的语义理解能力，准确捕捉用户的创作意图，并据此生成与提示词高度匹配的视频内容。这种生成方式能够简化视频创作的流程，用户无须再费心准备其他图片或视频素材，只需专注构思和设计提示词，便能获得既符合期望又充满创意的视频作品。

【案例 6-1】使用文生视频生成巧克力奶茶视频

夏明计划制作一段关于巧克力奶茶的短视频，其中需要展示奶茶被优雅地倒入杯中的画面。为确保这一场景既专业又有吸引力，同时节省自己手动拍摄的时间和精力，他决定使用文生视频工具来生成这段视频，效果如图 6-4 所示。

使用文生视频生成
巧克力奶茶视频

平台：通义万相。
功能：视频生成→文生视频。
提示词：在寒冷的季节，一杯巧克力奶茶被缓缓倒入杯中，展现出层次分明的奶盖与茶底。镜头逐渐聚焦于这杯奶茶，呈现出一种明亮而细腻的写实风格。
效果文件：配套资源为\效果\第6章\奶茶.mp4。

图 6-4 生成巧克力奶茶视频

2. 图生视频

图生视频是将静态图像转化为动态视频的 AI 视频生成方式。用户需上传图片，AIGC 工具将深入分析图片的内容和元素，并进行智能理解与合成，使静态图像生动展现为动态视频。与文生视频相比，此方式需要用户预先准备图片素材，并根据需要选择是否添加提示词以辅助视频的生成。

使用图生视频生成
小狗奔跑跳跃的
视频

【案例 6-2】使用图生视频生成小狗奔跑跳跃的视频

夏明想在微博分享一段小狗欢快地奔跑跳跃的视频片段，为他的帖子增添更多趣味。然而，他只有一张静态的小狗照片。为解决这个问题，夏明决定利用图生视频技术，将这张静态图片转化为一段活灵活现的小狗奔跑跳跃的视频，效果如图 6-5 所示。

平台：通义万相。
功能：视频生成→图生视频。
提示词：小狗在草地上奔跑跳跃。
素材文件：配套资源为\素材\第6章\小狗.png。
效果文件：配套资源为\效果\第6章\小狗奔跑跳跃.mp4。

图 6-5 生成小狗奔跑跳跃的视频

6.2 AI 数字人播报

AI 数字人播报是近年来一项融合多种前沿技术的创新应用，它深度融合了人工智能、机器学习、自然语言处理以及高精度 3D 建模技术。这项应用的目标是创造出具有高度拟人化特征和智能化交互能力的虚拟形象，以灵活适应从娱乐到教育、从商业推广到客户服务等广泛而多样的应用场景。

在实际运用中，AI 数字人播报展现出非凡的灵活性和可定制优势。企业可以根据自身的特定需求，量身定制虚拟客服、虚拟主播、在线教育讲师或虚拟偶像等多元化角色。这些角色不仅能提升用户体验，还能拓宽媒体传播的渠道，推动教育模式的革新，并为娱乐产业注入新的活力。

▶▶▶ 6.2.1　常用的 AI 数字人工具

随着 AI 技术的不断发展，AI 数字人工具逐渐走进我们的生活，为内容创作、商业推广、教育培训等领域带来全新的可能性。以下是 3 款常用的 AI 数字人工具。

1. 腾讯智影

腾讯智影中的 AI 数字人播报是利用 AI 技术，通过输入文本或音频内容，快速生成高度仿真的数字人播报视频的创新功能，其界面如图 6-6 所示。用户可以选择或定制数字人的形象、背景、动作及声音，实现新闻播报、教学课件制作、文娱推介等多种应用场景的视频创作，以提升内容生产的效率和质量。

图 6-6　腾讯智影的 AI 数字人播报功能

2. 讯飞智作

讯飞智作中的 AI 数字人播报功能集成了 AI 虚拟形象技术，用户可以通过讯飞智作平台，输入文本或音频，选择虚拟人形象，一键完成虚拟主播音视频的制作，其界面如图 6-7 所示。这项功能不仅能够实现音视频内容的自动生成，还支持多形象、多语种、多端接口、灵活部署，以及提供丰富的方案，极大地提高了音视频内容的生产效率，并适用于教育培训、产品宣传、新闻播报等多种场景。

图 6-7 讯飞智作的 AI 数字人播报功能

3. 如影

如影是商汤科技推出的 AI 数字人视频生成平台，依托于商汤的大模型技术，能够创建出高度逼真的数字人形象，并应用于教育、金融、营销等多个行业，其界面如图 6-8 所示。如影提供快速定制、真人复制、高效成片等功能，支持多语言，能够满足用户的个性化和专业化服务需求。

图 6-8 如影的 AI 数字人播报功能

6.2.2 生成数字人播报视频

生成数字人播报视频需要遵循一定的步骤，从选择平台到编辑数字人形象，再到准备播报文本和配置视觉与听觉效果，最后增添额外元素。只有遵循这些步骤并注重细节，才能制作出流畅且内容丰富的数字人播报视频。

1．选择并登录平台

首先，需要选择一个支持数字人播报功能的视频生成 AIGC 工具或服务平台。这些平台通常集成了先进的 AI 技术和丰富的数字人资源，能够为用户提供一站式的视频制作服务。在选定平台后，需要注册一个账号并登录。

2．进入数字人制作板块

登录平台后，找到"数字人播报"或"虚拟主播"等类似功能的入口，然后进入功能板块。这些入口通常位于平台主界面，方便用户快速找到并进入数字人创作页面。

3．选择并编辑数字人形象

浏览平台内置的数字人库，选择一个符合项目需求的数字人主播。在选择时，需要考虑性别、年龄、风格、语言能力、声音特色以及语速等特征。一些高级平台还支持自定义数字人的外观特征，如发型、肤色、服装等，让用户能够打造出更加个性化的数字人形象。此外，有些平台还可以购买或上传特定的数字人模型，以满足更具体的需求。

4．准备播报文本

在选定数字人后，用户需要准备播报文本，可以直接输入或粘贴需要播报的内容，并确保文字无误且内容贴合播报风格与目标观众的偏好。一些高级工具还内置了 AIGC 文本生成功能，用户只需输入主题，系统即可自动生成播报文案，从而大大简化创作流程。

5．配置视觉与听觉效果

为提升视频的观看体验，用户可以设置数字人的背景画面和背景音乐。背景画面可以选择与视频主题相符的图片或视频素材，背景音乐则应选择能够烘托氛围的曲目。同时，用户还可以设置数字人在播报时的站位和动画特效，如挥手、点头等，以增加视频的生动性和互动性。

6．增添额外元素

最后，用户可以根据视频制作的具体需求，进一步添加视频片段、图片、图表、音乐、音效、字幕样式或过渡效果等元素。这些元素的加入不仅能够丰富视频内容，还能显著提升观众的观看体验。

【案例 6-3】制作蓝牙耳机宣传数字人播报视频

夏明计划制作一个宣传灵音 LY2000 蓝牙耳机的短视频，旨在全方位展示其独特功能与时尚设计，吸引目标消费者的注意。为提升视频的制作效率与视觉效果，同时确保内容创新且引人入胜，他决定使用如影来辅助完成这一项目。

制作蓝牙耳机宣传
数字人播报视频

（1）进入如影网站首页，单击"创建视频"按钮，如图 6-9 所示，打开"创建一个新的视频"对话框。

（2）单击"竖屏模式"按钮，如图 6-10 所示。

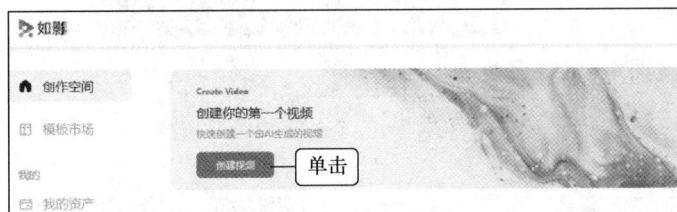

图 6-9　单击"创建视频"按钮

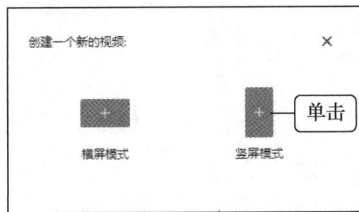

图 6-10　单击"竖屏模式"按钮

（3）单击"模板库"按钮，在打开的列表中选择"运动炫酷营销"选项，在打开的对话框中单击"使用此模板创作"按钮，如图 6-11 所示。

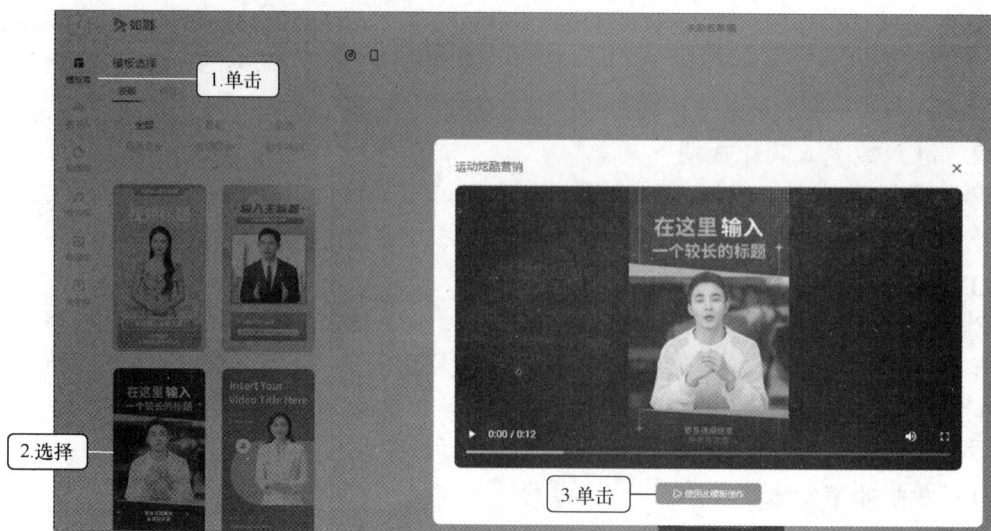

图 6-11　选择模板

（4）单击"数字人"按钮，选择"峻熙_休闲_站姿"选项，如图 6-12 所示。

图 6-12　选择数字人

（5）在右侧的"配音"文本框中输入配音文本，然后单击"生成配音"按钮，生成配音，如图 6-13 所示。

（6）单击"字幕"选项卡，打开"字幕设置"，单击"字幕样式"按钮，然后在"预设"栏中选择第 3 种字幕样式，如图 6-14 所示。

（7）在编辑界面中删除画面下方的多余文本，并修改其他文本的内容，如图6-15所示。

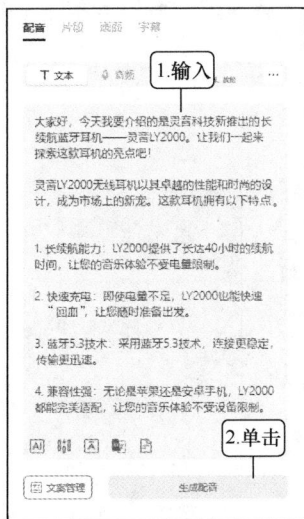

图6-13　生成配音

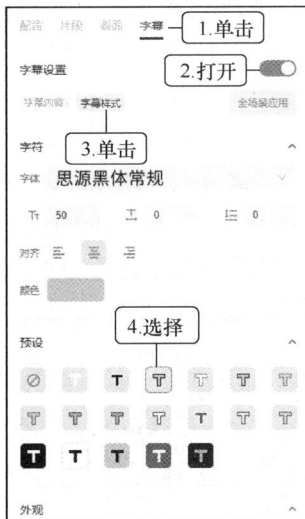

图6-14　选择字幕样式

图6-15　编辑文本

（8）单击"展开轨道"按钮展开轨道，然后调整所有图片轨道和文字轨道的长度与整个视频的长度一致，如图6-16所示。

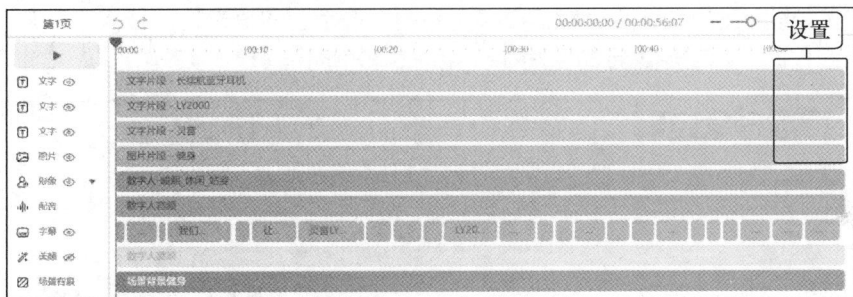

图6-16　调整图片轨道和文字轨道的长度

（9）单击"预览视频"按钮预览效果，检查无误后单击"合成视频"按钮，打开"合成设置"对话框，设置名称为"蓝牙耳机"，单击"确定"按钮，如图6-17所示。

图6-17　设置名称

（10）返回主页面，在"我的作品"栏中可以看到生成的视频，单击该视频，可在打开的对话框中播放。单击视频右下角的"更多"按钮，在打开的列表中选择"下载"选项，下载视频（配套资源：\效果\第6章\蓝牙耳机.mp4）。

▶▶▶ 6.2.3　数字分身

数字分身是一种利用 AI 技术和计算机图形技术创建的个人化虚拟形象。这种技术能够根据用户的特定需求，如外貌、动作、声音甚至表情，生成一个与用户高度相似的数字分身。随着 AI 技术的不断发展，数字分身的应用越来越广泛，涉及娱乐、游戏、虚拟主播、教育、医疗、商业等多个行业。

定制数字分身的过程可以根据需求的复杂程度分为不同的级别。较为简单的定制方式只需用户提供一张照片，系统就能根据照片中的面部特征生成一个数字分身，如讯飞智作的"照片虚拟人定制"功能，如图 6-18 所示。

然而，如果需要更高逼真度和个性化程度的数字分身，定制过程就会相对复杂。这需要用户拍摄数分钟符合特定要求的讲话视频，以便系统能够捕捉到用户的面部表情变化、口型动作以及语音特征。通过这些数据，系统可以生成一个与用户高度相似的数字分身，不仅能够模仿用户的外貌，还能在一定程度上模拟用户的言谈举止和语音特色。如讯飞智作的"标准形象定制"功能，如图 6-19 所示。

图 6-18　照片虚拟人定制

图 6-19　标准形象定制

6.3　AI 视频编辑

AI 视频编辑通过自动化和智能化技术提升视频编辑的效率与质量，从而为视频创作者提供更多创新的可能性。

6.3.1 AI 视频消除

AI 视频消除是一种利用 AI 技术处理视频内容的方法，能够自动识别并消除视频中的特定区域或对象，以保护隐私、遮挡敏感信息或实现创意视觉效果。

【案例 6-4】消除宇航员视频中的 Logo 和文本

夏雪使用 AIGC 工具生成了一个宇航员视频，然而，该视频上却嵌有显眼的 Logo 和文本水印。为了不影响视频的使用效果，她决定借助腾讯智影的智能抹除功能消除宇航员视频中的 Logo 和文本水印。

消除宇航员视频中的 Logo 和文本

（1）在腾讯智影主页面中单击"智能抹除"按钮，进入"智能抹除"页面。

（2）单击"本地上传"按钮，上传"宇航员.mp4"视频文件（配套资源：\素材\第 6 章\宇航员.mp4）。

（3）使用绿色的水印框框住画面中的 Logo 图标，使用紫色的字幕框框住画面中的文本，单击"确定"按钮，开始消除宇航员视频中的 Logo 和文本，如图 6-20 所示。

（4）消除完成后，在"最近作品"栏中可以看到消除完成后的视频文件，单击"下载"按钮下载视频文件（配套资源：\效果\第 6 章\【抹除】宇航员.mp4），如图 6-21 所示。

图 6-20　消除宇航员视频中的 Logo 和文本

图 6-21　消除完成后的视频文件

6.3.2 AI 字幕生成

AI 字幕生成技术能够自动捕获视频文件中的语音内容，通过先进的语音识别算法，将语音内容转换成与语音同步的字幕。

【案例 6-5】自动生成粉蒸牛肉视频中的字幕

夏雪需要为她的粉蒸牛肉烹饪视频添加语音字幕。为提高效率并确保字幕的精准度，她决定使用腾讯智影的自动识别字幕功能来快速生成该视频的字幕。

自动生成粉蒸牛肉视频中的字幕

（1）在腾讯智影主页面中单击"字幕识别"按钮，进入"字幕识别"页面。

（2）选择"自动识别字幕"选项，进入"自动识别字幕"页面，单击"本地上传"按钮，上传"粉蒸牛肉.mp4"视频文件（配套资源：\素材\第6章\粉蒸牛肉.mp4），设置视频源语言为"中文"，然后单击"生成字幕"按钮，如图6-22所示。在"字幕草稿"栏中会显示生成字幕后的视频，如图6-23所示。

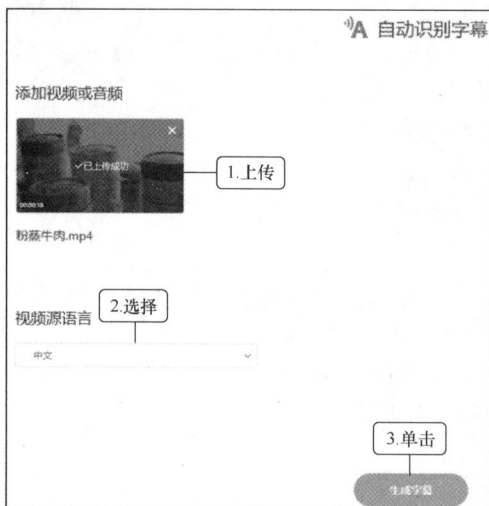

图 6-22　上传"粉蒸牛肉.mp4"视频文件

图 6-23　生成字幕后的视频

（3）单击生成字幕后的视频，进入视频编辑页面。

（4）单击"字幕编辑"按钮，检查字幕文本，检查无误后单击"合成"按钮，如图 6-24 所示。

图 6-24　检查字幕文本

（5）打开"合成设置"对话框，单击"合成"按钮，如图 6-25 所示。

（6）进入"我的资源"页面，将鼠标指针移动到合成后的视频上，单击"下载"按钮下载视频（配套资源：\效果\第 6 章\【字幕】粉蒸牛肉.mp4），如图 6-26 所示。

图 6-25　"合成设置"对话框

图 6-26　下载视频

▶▶▶ 6.3.3　AI 视频抠像

AI 视频抠像能够自动识别图像中的前景与背景，实现精准的抠像效果，从而轻松更换视频背景，提升创作效率和质量。相较于传统的抠像技术，AI 视频抠像具有更高的准确度、更快的处理速度，并支持实时预览和调整，为视频创作者提供了更为广阔的创作空间。

【案例 6-6】替换"奔跑的狗"视频中的背景

夏雪需要为一段"奔跑的狗"的视频替换背景，以达到更理想的视觉效果。为实现这一目标，她决定采用 360 AI 办公中的 AI 视频智能抠像功能来替换背景。

替换"奔跑的狗"
视频中的背景

（1）进入 360 AI 办公首页，在"功能分类"栏中选择"AI 视频"选项，然后单击"AI 视频智能抠像"按钮，进入"智能抠像"页面。

（2）上传"奔跑的狗.mp4"视频文件（配套资源：\素材\第 6 章\奔跑的狗.mp4），然后单击"立即生成"按钮，系统将自动抠除视频的背景，如图 6-27 所示。

（3）完成后，在"替换背景"栏中单击"视频"按钮，选择一个视频背景，然后单击"合成并下载"按钮，如图 6-28 所示。

图 6-27　上传视频文件

图 6-28　替换视频背景

（4）系统开始合成视频，完成后在打开的提示对话框中单击"下载视频"按钮，下载视频文件（配套资源：\效果\第6章\【替换背景】奔跑的狗.mp4）。

6.4 综合实践

本章主要介绍了 AIGC 辅助视频创作的多个领域，涵盖 AI 视频生成、AI 数字人播报以及 AI 视频编辑。为帮助读者更好地领悟本章内容与提高读者的实战能力，接下来将通过一个实践案例——制作店铺开业的 AI 数字人播报视频，以直观展示如何巧妙融合所学知识，实现创意与技术的完美结合，帮助读者在实际操作中深刻领会并巩固本章的知识点。

店铺开业 AI 数字人
播报视频

▶▶▶ 6.4.1 实践背景

运动潮坊是一家专注于品牌运动鞋的时尚购物线下店铺，即将盛大开业。为高效且创新地宣传其开业信息，吸引更多消费者的关注，运动潮坊决定制作店铺开业的 AI 数字人播报视频。为确保视频内容既专业又富有创意，同时能快速完成制作，运动潮坊决定利用 AI 视频生成工具和 AI 数字人播报技术来共同打造该视频。

▶▶▶ 6.4.2 实践思路

首先利用通义万相生成人们穿着运动鞋奔跑、跳跃的视频，然后使用腾讯智影擦除视频中的水印，最后使用腾讯智影制作数字人播报视频，其操作思路如图 6-29 所示。

1.使用通义万相生成人们穿着运动鞋
奔跑、跳跃的视频
平台：通义万相。
功能：视频生成。
提示词：一群活力四射的年轻人穿着
时尚的运动鞋在翠绿的草地上尽情奔跑、跳跃。
比例：16:9。
效果文件：配套资源为\效果\第6章\运动潮坊.mp4。

2.使用腾讯智影擦除视频中的水印
平台：腾讯智影。
功能：智能抹除。
效果文件：配套资源为\效果\第6章\
【抹除】运动潮坊.mp4。

图 6-29 操作思路

3.使用腾讯智影制作数字人播报视频

平台：腾讯智影。

功能：数字人播报。

效果文件：配套资源为\效果\第6章\运动潮坊数字人播报.mp4。

图 6-29　操作思路（续）

6.5　课后习题

1．填空题

（1）在设计 AI 视频生成提示词时，首先需要明确＿＿＿＿和＿＿＿＿。

（2）AI 视频编辑技术中的＿＿＿＿功能可以自动识别并消除视频中的特定区域或对象。

（3）使用文生视频工具生成视频时，用户只需输入一段＿＿＿＿作为提示词。

（4）在生成 AI 数字人播报视频时，用户需要准备＿＿＿＿，并确保文字无误且内容贴合播报风格。

（5）腾讯智影的＿＿＿＿功能可以自动捕获视频文件中的语音内容并生成字幕。

2．单选题

（1）（　　）是 OpenAI 开发的文生视频模型。

A．腾讯智影　　　　　　　　　　B．智谱清言

C．Sora　　　　　　　　　　　　D．如影

（2）（　　）可以自动识别并消除视频中的 Logo 和文本。

A．AI 视频抠像　　　　　　　　　B．AI 字幕生成

C．AI 视频消除　　　　　　　　　D．数字分身

（3）（　　）可以将静态图片转化为动态视频。

A．文生视频　　　　　　　　　　B．图生视频

C．AI 视频消除　　　　　　　　　D．AI 字幕生成

（4）使用 AI 视频生成工具时，需要用户预先准备图片资源的是（　　）。

A．文生视频　　　　　　　　　　B．图生视频

C. AI 视频消除   D. AI 字幕生成

（5）（　　）不属于 AI 视频编辑技术。

A. AI 视频消除   B. AI 字幕生成

C. 数字分身   D. AI 视频抠像

3. 操作题

（1）夏雪要在自己的博客文章中添加一个"秋日落叶纷飞的小径"视频，请使用视频创作 AIGC 工具为她生成该视频（配套资源：\效果\第 6 章\秋日落叶纷飞的小径.mp4）。

（2）夏雪要制作一个便携式音箱的宣传视频，请使用 AI 数字人播报工具为她制作该视频（配套资源：\效果\第 6 章\便携式音箱的宣传.mp4）。

第 7 章
AIGC 辅助程序设计

AIGC 辅助程序设计作为一种新兴的技术方向，正在逐渐改变传统程序设计的模式和方法。利用 AI 的强大计算能力和智能算法，用户可以更加高效地编写、优化、调试和测试代码，从而极大地提高开发效率和软件质量。本章将深入探讨 AIGC 工具在程序设计中的应用、辅助程序设计的 AIGC 工具、AI 辅助学习程序设计、AI 辅助代码生成等方面的内容，全面介绍 AIGC 辅助程序设计的核心技术和实践应用。

【学习目标】

知识目标
- 了解 AI 在程序设计中的应用。
- 熟悉辅助程序设计的 AIGC 工具。
- 掌握 AI 辅助学习程序设计的方法。
- 掌握 AI 辅助代码生成的方法。

能力目标
- 能够使用 AIGC 工具辅助学习程序设计。
- 能够使用 AIGC 工具辅助代码生成。

7.1 AI 在程序设计中的应用

AI 在程序设计中的应用主要包括代码自动生成与优化、错误检测与调试、智能算法设计与优化、优化测试与验证等多个方面。

7.1.1 代码自动生成与优化

在程序设计中，代码编写是基础且耗时的环节。传统的手动编程方式需要用户具备深厚的编程功底和丰富的经验。然而，AI 技术的引入彻底改变了这一现状。通过学习和分析海量的代码库，AI 能够自动生成符合特定需求的代码片段，显著提高开发效率。

▶▶▶ 7.1.2　错误检测与调试

程序调试是软件开发过程中不可或缺的一环，但传统的调试方法往往耗时长且易出错。AI 技术的应用为错误检测与调试带来了革命性的变化。通过学习和分析大量程序和代码，AI 能够识别出常见的错误，帮助用户快速定位并修复问题。

▶▶▶ 7.1.3　智能算法设计与优化

算法是程序设计的核心，其性能直接影响程序的运行效率和效果。传统的算法设计需要开发者具备深厚的数学基础和丰富的编程经验，通过反复试错和优化来得到满意的解决方案。而 AI 技术则能够通过学习和分析大量数据，自动生成新的算法。

▶▶▶ 7.1.4　优化测试与验证

软件测试是确保软件质量的重要环节。然而，传统的测试方法往往存在测试用例覆盖不全、测试效率低下等问题。而 AI 技术的应用为软件测试带来了新的解决方案。通过学习和分析大量的测试数据，AI 能够自动生成有效的测试用例，提高测试的覆盖率和效率。

7.2　辅助程序设计的 AIGC 工具

在编程领域，AIGC 智能代码生成工具能有效辅助用户自动完成编程任务，提升效率并减少重复劳动。这些工具通过学习海量数据，助力创作者和开发者高效工作。以下是 3 种辅助程序设计的 AIGC 工具，能帮助用户快速且高效地进行程序开发。

▶▶▶ 7.2.1　GitHub Copilot

GitHub Copilot 是由程序员社群与代码托管平台 GitHub，携手 OpenAI 以及微软 Azure 团队，共同研发的一款 AI 编程辅助工具，其使用界面如图 7-1 所示。此工具在 OpenAI Codex 大型模型的基础上进行了深度优化与升级，并已集成至 Visual Studio Code、GitHub 等多个主流开发平台中。

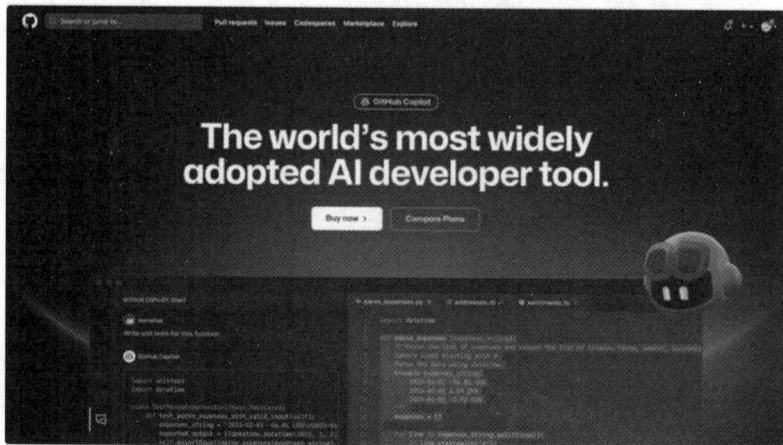

图 7-1　GitHub Copilot 的使用界面

▶▶▶ 7.2.2　通义灵码

通义灵码是阿里巴巴团队推出的一款智能编程辅助工具，其核心依托于通义大模型，其使用界面如图7-2所示。该工具集多种实用功能于一体，包括行级与函数级的实时代码续写、通过自然语言高效生成代码、自动生成单元测试、智能化代码注释、详尽的代码解释服务、研发过程中的智能问答系统，以及精准的异常报错排查功能。此外，通义灵码还针对阿里云SDK/API（Software Development Kit/Application Program Interface，软件开发工具包/应用程序接口）的应用场景进行了深度优化，旨在为广大开发者提供既高效又流畅的编程体验。

图7-2　通义灵码的使用界面

▶▶▶ 7.2.3　文心快码

文心快码是百度精心打造的一款智能代码助手，其强大功能依托于百度的文心大模型，如图7-3所示。通过深度融合百度积累的丰富的编程大数据资源，文心快码能够精准地回答各类与编程相关的问题。文心快码具备较强的语言兼容性，熟练掌握多种程序设计语言，并深入理解各类常见的技术知识，旨在为开发者提供全面、高效、精准的编程辅助支持。

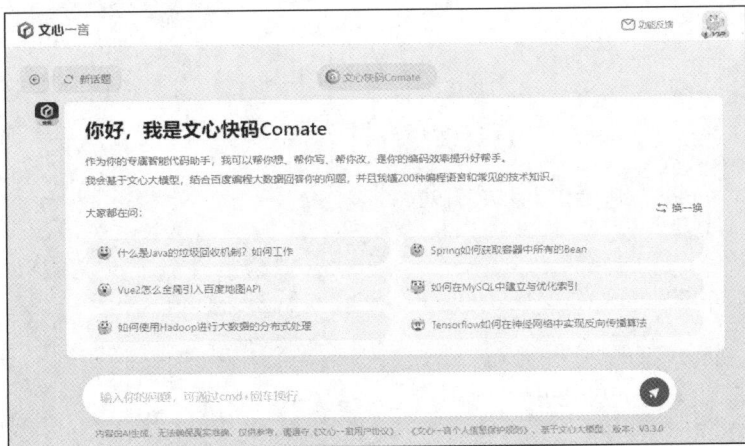

图7-3　文心快码

7.3　AI辅助学习程序设计

程序设计涵盖的知识领域极为广泛，当用户在编程过程中遇到自己不太熟悉或掌握不够深入的知识时，往往需要投入大量时间和精力查阅相关资料以解决问题，如翻阅工具书、浏览专

业网站或参考技术文档来获取所需信息。

而 AIGC 工具不仅能够帮助用户高效地学习各种程序设计语言的语法和编程技巧，还提供智能分析代码的功能，为代码添加准确、清晰的注释等。

7.3.1 学习程序设计语言的语法

程序设计语言的语法是指其结构和规则，这些结构和规则详细说明了如何使用关键字、运算符、标点符号以及其他语法元素。对初学者而言，利用 AIGC 工具来学习程序设计语言的语法是一个有效的方法。

使用 AIGC 工具学习 Python 语言的循环语句

【案例 7-1】使用 AIGC 工具学习 Python 语言的循环语句

夏明正在学习 Python 语言，他计划借助 AIGC 工具来深入理解 Python 的循环语句。

（1）在 AIGC 工具中输入以下提示词。

请介绍一下 Python 语言的循环语句

（2）AIGC 工具的回复如下。

Python 语言提供了几种用于执行重复任务的循环语句，主要包括 for 循环和 while 循环。此外，Python 语言还提供了几个用来改变循环的执行流程的循环控制语句。下面详细介绍这几种循环语句和循环控制语句。

1. for 循环

for 循环用于遍历一个序列（如列表、元组、字符串、字典、集合或范围对象）中的元素。其语法如下：

```python
for element in iterable:
    # 循环体：对每个 element 执行的操作
示例
# 遍历列表
fruits = ['apple', 'banana', 'cherry']
for fruit in fruits:
    print(fruit)
# 遍历字符串
for char in "hello":
    print(char)
# 使用 range() 函数生成数字序列
for i in range(5):  # 相当于 [0, 1, 2, 3, 4]
    print(i)
# 遍历字典的键、值或键值对
person = {'name': 'Alice', 'age': 30}
for key in person:
    print(key)
for value in person.values():
    print(value)
for key, value in person.items():
    print(key, value)
```

2. while 循环

while 循环在给定条件为 True 时重复执行一个代码块。其语法如下：

```python
while condition:
    # 循环体：当 condition 为 True 时执行的操作
示例
# 简单的计数
```

130

```
count = 0
while count < 5:
    print(count)
    count += 1
# 无限循环
while True:
    user_input = input("请输入'exit'退出: ")
    if user_input == 'exit':
        break
    print("你输入了:", user_input)
```

3. 循环控制语句

在循环中，可以使用以下控制语句来改变循环的执行流程。

- break：立即退出循环，不再执行循环中剩余的代码和后续的迭代。
- continue：跳过当前迭代中剩余的代码，并继续下一次迭代。
- pass：什么都不做，仅作为占位符使用。

示例
```
# 使用 break
for i in range(10):
    if i == 5:
        break
    print(i)
# 使用 continue
for i in range(10):
    if i % 2 == 0:
        continue
    print(i)  # 只打印奇数
# 使用 pass
for i in range(10):
    if i == 5:
        pass  # 什么也不做，继续下一个迭代
    print(i)
```

▶▶▶ 7.3.2　AI 分析代码功能

学习程序设计语言的一种有效的方法就是分析他人的代码。通过分析这些代码的结构和逻辑，用户可以快速掌握编程思路和技巧。然而，有些代码可能较为复杂，初学者一时难以完全理解。这时，可以借助 AIGC 工具来辅助分析这段代码的功能。AIGC 工具能够详细解释每一条语句的作用，展示代码的运行流程，以及提供最终的输出结果等。通过这些详尽的信息，用户可以更加迅速地掌握相关的编程知识和技巧。

【案例 7-2】使用 AIGC 工具分析 Python 代码的功能

夏明得到了一段 Python 代码，但不清楚其具体功能。为理解这段代码，他决定利用 AIGC 工具来进行分析。

（1）在 AIGC 工具中输入以下提示词。

使用 AIGC 工具分析 Python 代码的功能

请分析以下代码的功能。
```
while True:
    user_input = input("请输入'exit'退出: ")
    if user_input == 'exit':
```

```
        break
    print("你输入了:", user_input)
```

（2）AIGC工具的回复如下。

这段Python代码实现了一个简单的用户交互功能，具体功能分析如下。

1. 无限循环的开始

```
while True:
```

这行代码启动了一个无限循环，因为条件True永远为真，所以循环体会不断执行，直到遇到break语句。

2. 用户输入获取

```
user_input = input("请输入'exit'退出: ")
```

在循环体内，程序首先通过input函数提示用户输入内容，并将用户输入的内容赋给变量user_input。这里的提示信息是"请输入'exit'退出: "。

3. 退出条件的判断

```
if user_input == 'exit':
    break
```

接下来，程序检查变量user_input的值是否等于字符串exit。如果等于，说明用户希望退出程序，此时执行break语句，跳出循环。

4. 用户输入的回显

```
print("你输入了:", user_input)
```

如果用户的输入不是exit，程序将输出用户输入的内容，前缀为"你输入了: "。

5. 循环的继续

由于while True:创建了一个无限循环，且只有在用户输入exit时才会通过break语句跳出循环，因此，除非用户输入exit，否则程序将不断重复上述步骤。

总结

这段代码实现了一个简单的命令行交互程序，它会不断提示用户输入内容，并输出用户输入的内容（除了exit）。当用户输入exit时，程序会退出循环并结束运行。这种结构常用于需要持续接收用户输入直到满足特定退出条件的场景。

▶▶▶ 7.3.3 AI添加代码注释

为代码添加注释能够显著提高代码的可读性和可维护性，使得自己或其他用户能够更容易地理解代码的意图和功能。然而，手动添加注释往往是一项烦琐且耗时的任务。借助AIGC工具，用户可以快速且高效地为代码添加注释，从而大大减轻负担，提升效率。

【案例7-3】使用AIGC工具为Python代码添加注释

夏明编写了一段Python代码，为了高效地给代码添加注释以增强其可读性和可维护性，他决定借助AIGC工具来辅助完成这项任务。

（1）在AIGC工具中输入以下提示词。

请为以下代码添加注释。

```
for i in range(1, 10):
    for j in range(1, i + 1):
        print(f"{j} * {i} = {i * j}", end="\t")
    print()
```

（2）AIGC工具的回复如下。

下面为您提供的代码段添加注释：

使用AIGC工具为
Python代码添加
注释

```
# 外层循环，从 1 遍历到 9（包含 1，不包含 10）
for i in range(1, 10):
    # 内层循环，从 1 遍历到 i（包含 i），用于输出乘法表的每一行
    for j in range(1, i + 1):
        # 使用格式化字符串输出乘法表达式和结果，end="\t"表示输出后不换行，而是用制表符分隔
        print(f"{j} * {i} = {i * j}", end="\t")
    # 内层循环结束后，输出一个换行符，以开始乘法表新的一行的输出
    print()
```

7.4 AI 辅助代码生成

当需要运用某种程序设计语言来开发特定功能，而用户对该语言的掌握尚不熟练时，用户可以借助 AIGC 工具来直接生成所需功能的代码。这种方式不仅能够帮助用户迅速实现所需功能，同时，用户还可以通过生成的代码逐步学习和掌握相关的编程语法，提升自身的编程技能。

使用 AIGC 工具生成一个求 100 以内素数的 Python 程序

【案例 7-4】 使用 AIGC 工具生成一个求 100 以内素数的 Python 程序

夏明需要使用 Python 语言编写一个求 100 以内素数的程序，但他对 Python 语言不是很熟悉，于是他直接使用 AIGC 工具来生成该程序。

（1）在 AIGC 工具中输入以下提示词。

生成一个求 100 以内素数的 Python 程序

（2）AIGC 工具的回复如下。

以下是一个简单的 Python 程序，用于找出并输出 100 以内的所有素数（质数）：

```
def is_prime(num):
    """判断一个数是否为素数"""
    if num <= 1:
        return False
    for i in range(2, int(num**0.5) + 1):
        if num % i == 0:
            return False
    return True
def find_primes_below_100():
    """找出 100 以内的所有素数"""
    primes = []
    for num in range(2, 100):
        if is_prime(num):
            primes.append(num)
    return primes
# 输出 100 以内的所有素数
primes = find_primes_below_100()
print("100 以内的素数有: ", primes)
```

🔗 **知识链接**　　使用 AIGC 工具生成的代码，对简单功能而言，往往可以直接运行。然而，对复杂功能而言，由于实现该功能的代码需要与整体程序的其他部分相互协同工作，通常需要进行一定的修改和调整后才能使用。

【案例 7-5】 使用 AIGC 工具生成一个绘制五角星的 Python 程序

夏明需要使用 Python 语言编写一个绘制五角星的程序，但他对 Python 语言不是很熟悉，

于是他直接使用 AIGC 工具来生成该程序。

（1）在 AIGC 工具中输入以下提示词。

生成一个绘制五角星的 Python 程序。

（2）AIGC 工具的回复如下。

要生成一个绘制五角星的 Python 程序，你可以使用 turtle 图形库。turtle 是 Python 的一个标准库，它提供了一个小海龟，你可以通过编程来控制它的移动以绘制图形。以下是一个简单的例子，展示了如何使用 turtle 绘制一个五角星：

```
import turtle
# 设置画布和海龟
screen = turtle.Screen()
screen.title("绘制五角星")
star_turtle = turtle.Turtle()
# 定义绘制五角星的函数
def draw_star(turtle, size):
    for _ in range(5):  # 五角星有 5 条边
        turtle.forward(size)  # 向前移动指定的距离
        turtle.right(144)     # 向右转 144°（因为五角星的外角是 144°）
# 设置五角星的大小
star_size = 100
# 调用函数绘制五角星
draw_star(star_turtle, star_size)
# 完成绘制后隐藏海龟并显示窗口
star_turtle.hideturtle()
screen.mainloop()
```

使用 AIGC 工具生成绘制五角星的 Python 程序

7.5 综合实践

本章主要讲解了 AIGC 在程序设计领域的广泛应用，尤其强调了 AI 辅助学习程序设计、AI 辅助代码生成等方面的独特价值。接下来，将通过制作"AI 绘画展览"网页这个案例来展示 AIGC 在程序设计方面的具体应用。这些实践案例将帮助读者在实际操作中灵活运用本章的知识点，从而在程序设计的道路上更加得心应手。

制作"AI 绘画展览"网页

▶▶▶ 7.5.1 实践背景

夏明需要制作一个"AI 绘画展览"网页，要求在网页上方显示标题"AI 绘画展览"，在网页中间显示 1 张大图片，在网页下方显示 10 张小图片，将鼠标指针移动到某张小图片上时，大图片会替换为这张小图片。为快速完成网页的制作，他决定使用 AIGC 工具作为辅助。

▶▶▶ 7.5.2 实践思路

先使用 AIGC 工具生成网页代码。将代码复制到记事本中，并保存为 index.html 文件，再准备 10 张图片，保存在与 index.html 相同的文件夹下，并修改图片文件名为 image1.png ～

image10.png。将代码中的 small_ image1.jpg ~ small_image10.jpg 和 large_image1.jpg ~ large_image10.jpg 都修改为 image1.png ~ image10.png。最后双击 index.html 文件预览网页效果。整个操作思路如图 7-4 所示。

1.使用AIGC工具生成代码
平台：文心一言
提示词：我需要制作一个"AI绘画展览"网页，具体要求如下。
（1）在网页上方显示标题"AI绘画展览"。
（2）在网页中间显示1张大图片，高度固定为600px。
（3）在网页下方显示10张小图片。
（4）当鼠标指针移动到某张小图片上时，将大图片替换为小图片。
请帮我生成该网页的代码。

2.保存网页文件并准备图片文件
图像文件路径：配套资源为\素材\第7章\AI绘画展览。

3.修改网页代码

4.预览网页效果
效果文件路径：配套资源为\效果\第7章\AI绘画展览\index.html。

图 7-4　操作思路

7.6　课后习题

1. 填空题

（1）使用 AIGC 工具分析代码功能，可以解释每一条语句的_____，展示代码的_____，以及提供最终的_____等内容。

（2）借助 AIGC 工具，用户可以快速且高效地为代码_____，从而大大减轻负担，提升添加效率。

（3）借助 AIGC 工具直接生成所需功能的_____，不仅能够帮助用户迅速实现所需功能，同时，用户还可以通过生成的代码逐步学习和掌握相关的_____，提升自身的_____。

2. 单选题

（1）（　　　　）可以帮助用户理解代码的详细执行流程。

A. 自动生成代码　　　　　　　　　　B. 错误检测

C. 为代码添加注释　　　　　　　　　D. 分析代码功能

（2）程序设计语言的语法主要包括（　　　）的使用规则。

A. 关键字、运算符、标点符号　　　　B. 图片处理、音频剪辑

C. 网络通信协议　　　　　　　　　　D. 数据库管理

3. 操作题

夏明在工作中经常需要统计某文件夹内所有 Word 文件的总页数。然而，逐个手动打开文件并计算页数不仅过程烦琐，而且容易出错。为提高效率并减少错误，请使用 AIGC 工具帮他生成一个 Word VBA 宏代码，以便快速完成这项统计任务，参考效果如图 7-5 所示。

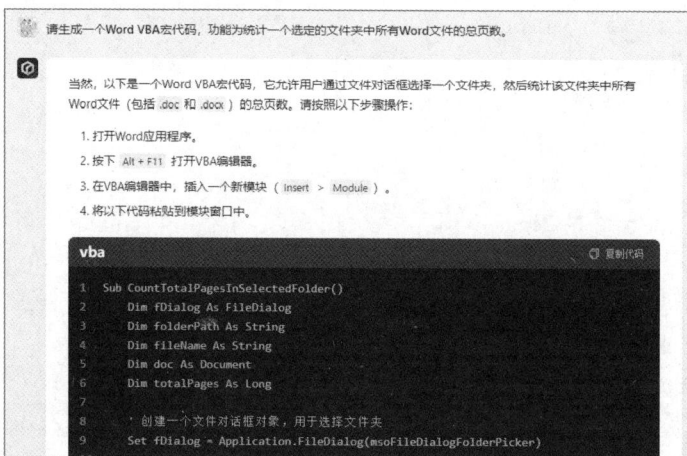

图 7-5　生成 Word VBA 宏代码

生成 Word VBA 宏代码的完整回复

第 8 章
AIGC 助力个人学习与成长

随着 AI 技术的飞速发展，AIGC 在教育与个人成长领域展现出巨大的潜力。从辅助学术研究到个性化学习，从模拟面试到职业规划，再到心理健康顾问，AIGC 正以一种前所未有的方式助力我们的学习与成长。本章将深入探讨 AIGC 在学习与个人成长中的具体应用，通过丰富的案例展示其如何帮助读者更高效地完成学习任务、提升自我认知与掌握职业技能，以及保持良好的心理状态。

【学习目标】

知识目标
- 掌握 AIGC 工具在论文写作中的应用。
- 掌握使用 AIGC 工具辅助学习新知识的方法。
- 掌握 AIGC 工具在模拟面试与职业顾问方面的使用方法。
- 掌握使用 AIGC 工具进行心理评估与咨询的方法。

能力目标
- 能够利用 AIGC 工具辅助完成论文从选题到正文编写的全过程。
- 能够根据个人兴趣与需求，利用 AIGC 工具制订并实施学习计划。
- 能够通过 AI 模拟面试系统提高面试技巧与自信心。
- 能够利用 AIGC 工具进行职业发展规划与简历撰写。
- 能够利用 AI 心理健康顾问进行心理评估与咨询。

8.1 AI 辅助论文写作

论文，作为研究者展示研究成果、阐述学术观点、分享实验数据的重要载体，不仅承载着科学发现的传播使命，更是学术交流与进步的基石。因此，论文的撰写与发表过程必须严格遵循科学性、创新性与严谨性的原则，确保每一项研究成果都能经得起时间的考验和同行的审视。在这个过程中，学术道德与规范的遵守是每位研究者不可推卸的责任，它关乎学术界的公正、诚信与健康发展。

近年来，随着 AI 技术的飞速发展，AIGC 工具辅助论文写作逐渐成为研究界的新趋势。

然而，需要明确的是，AIGC 工具在这里的角色并非替代研究者进行创作，更不是鼓励抄袭或代写等违背学术道德的行为。

▶▶▶ 8.1.1 AI 在论文写作中的应用

AIGC 工具以其强大的信息处理能力和数据分析能力，为研究者提供了全方位、多层次的辅助支持，旨在提升论文的质量与撰写效率，而非取代研究者的思考与创新能力。AIGC 工具在论文写作中的应用主要体现在以下几个方面。

1．答疑解惑

在科研探索的征途中，研究者难免会遇到各种理论困惑或技术难题。传统上，解决这些问题可能需要查阅大量文献、参加学术讨论或寻求同行帮助，这一过程往往费时费力。而 AIGC 工具作为知识库的存在，能够迅速响应研究者的需求，通过自然语言处理技术理解问题本质，并从海量数据中筛选出相关信息，直接提供给研究者。更为便捷的是，AIGC 工具还能根据研究者的反馈调整答案，通过对话的方式不断优化答案，直至满足研究者的需求。AIGC 工具能够提供即时、精准的解答，从而缩短问题解决的时间，加速科研进程。

2．提供建议

对初涉科研领域的研究者来说，如何确定一个恰当的研究题目、构建合理的论文结构、运用恰当的语言表达研究成果，都是不小的挑战。而 AIGC 工具在这里扮演的是导师的角色，通过学习与分析大量优秀论文，它能够点评研究者的论文草稿，指出题目是否过于宽泛、结构是否混乱、语言是否精练等问题，并提出具体的修改建议。从宏观的论文框架到微观的词汇选用，AIGC 工具都能提供有价值的参考意见，启发研究者从新的角度思考，帮助研究者不断优化论文，使论文更加符合学术规范与审稿要求。

3．改进表达

论文作为学术交流的正式文本，其语言表达的准确性和专业性至关重要。然而，研究者在撰写过程中往往存在口语化表达、语法错误或错别字等"非智力错误"，这些错误虽小，却可能严重影响论文的整体质量。而 AIGC 工具能够自动识别并修正这些错误，将口语化的表述转化为更加正式、专业的学术表达，同时纠正语法错误和错别字，确保论文的表达符合学术规范，以提升论文的专业性。

4．检索文献

文献检索是论文撰写中不可或缺的一环，它直接关系到研究的深度与广度。然而，面对浩如烟海的学术文献，如何快速找到与研究主题紧密相关的资料，并从中提炼出核心观点，是一项极具挑战性的任务。AIGC 工具凭借其强大的信息检索与分析能力，能够根据研究者的研究方向和关键词，智能推荐相关文献，并通过算法分析，提取出文献中的核心观点、实验方法、数据结果等关键信息，以可视化的方式呈现给研究者。这种高效的文献检索方式，不仅能节省大量时间，还能提高文献利用的效率和准确性。

5．改进排版

论文的排版格式是学术规范性的重要体现。不同的学术期刊或会议对论文的排版要求各不相同，包括字体大小、行距、页边距、标题层级、参考文献格式等，这些烦琐的细节往往让研究者感到头疼。一些 AIGC 工具（如 WPS AI，橙篇 AI 等）能够根据指定的排版要求，自动校对和排版论文，确保每一处细节都符合学术规范。这种智能化的排版方式，不仅能减轻研究者的排版负担，还能提高论文的投稿成功率，为学术成果的顺利发表奠定坚实基础。

▶▶▶ 8.1.2 确定论文选题

要撰写一篇优秀的论文,确定选题是第一步。论文选题是一个研究领域内值得探讨的问题,它必须具备一定的学术价值、原创性、可行性和重要性,将决定整篇论文的主题。

使用 AIGC 工具确定论文选题的提示词参考结构如下。

> 我是一位专注于【专业或学科领域】的研究者,我对这一领域里的【研究主题】的研究很感兴趣。请为我列出【数量】条潜在的研究选题作为我的论文写作方向。
>
> 注意:只需给出选题名称,不要有其他内容。

【案例 8-1】确定新能源汽车领域的论文选题

马晓晓是一位深耕新能源汽车研究领域的研究者,为了更精准地锁定关于燃料电池的论文选题,经过深思熟虑,她决定借助 AIGC 工具来辅助确定论文选题。

(1)在 AIGC 工具内输入以下提示词。

确定新能源汽车领域的论文选题

> 我是一位专注于新能源汽车的研究者,我对这一领域里的燃料电池的研究很感兴趣。请为我列出 5 条潜在的研究选题作为我的论文写作方向。
>
> 注意:只需给出选题名称,不要有其他内容。

(2)AIGC 工具的回复如下。

> 1. 燃料电池性能衰减机制及延寿策略研究
> 2. 新型燃料电池催化剂的开发与性能评估
> 3. 燃料电池系统的热管理与优化设计
> 4. 燃料电池汽车的续航能力提升策略
> 5. 燃料电池废旧材料回收与循环利用技术研究

这些选题涵盖燃料电池技术的基础研究、应用研究以及市场与社会影响等多个方面,研究者可以根据自己的兴趣和研究背景选择一个选题。

▶▶▶ 8.1.3 细化论文大纲

论文大纲的搭建是学术论文写作过程中的一项关键步骤,其核心作用在于将抽象的研究思路具体化,为整个写作过程提供明确的指导和方向。

在搭建论文大纲之前,研究者还需要了解论文的框架类型,这不仅能够帮助研究者更好地规划论文结构,还能有效提升大纲的针对性和实用性。常见的论文框架类型主要有以下 3 种。

1. 实证研究类

实证研究类论文作为学术研究中较常见的一种类型,其框架相对固定且规范。这类论文通常遵循"引言—综述—理论—方法—分析—结论"的经典结构。引言部分简要介绍研究背景、目的和意义;综述部分则系统回顾相关领域的研究成果,指出研究空白或争议点;理论部分阐述研究的理论基础和假设;方法部分详细介绍研究设计、数据收集与分析方法;分析部分基于数据结果进行深入探讨,验证或修正理论假设;结论部分总结研究发现,提出研究贡献和未来研究方向。当然,根据具体研究方向的不同,这一框架也可以进行适当的调整,以更好地适应研究内容。

2. 思辨研究类

思辨研究类论文则更多地侧重于对某一议题或现象的深入思考和辨析。这类论文的框架相对灵活，往往围绕核心议题，从多个并列的层面或维度进行阐述。而每个层面或维度都紧密围绕一个或多个分论点展开论证，通过逻辑严密的推理和丰富的论据支持，逐步构建起对议题或现象的全面而深入的理解。

3. 实践研究类论文

实践研究类论文侧重于解决实际问题或探索实践中的新现象。这类论文通常采用"三段论"结构，即"发现问题—分析问题—解决问题""提出假设—验证（实验）—证实/证伪""是什么—为什么—怎么办"。这种结构清晰地展现出研究从实践出发，通过理论分析和实证研究，最终回归到实践应用的全过程。

研究者可以根据自己论文的主题，选择合适的论文框架，然后开始撰写论文大纲。在撰写大纲时，研究者要先自己搭建主体框架和结构，然后使用 AIGC 工具进行优化和细化。

撰写论文大纲的提示词参考结构如下。

> 我是一位专注于【研究领域】的研究者，我需要撰写一篇关于【论文主题】的论文，以下是论文的主体框架和结构，请帮我进行优化和细化。
>
> 【论文的主体框架和结构】

知识链接

不建议依赖 AIGC 工具来直接生成完整的论文大纲。因为这些工具并没有对研究者的具体研究方向、数据发现方法及分析结果进行深入理解，所以它们生成的大纲往往与研究者的实际需求脱节。更进一步，完全依赖 AIGC 工具来编写论文，忽视了学术研究中的个人贡献与原创性，这是一种学术不端的行为。

【案例 8-2】生成论文大纲

马晓晓结合自己的研究方向，首先选择"燃料电池废旧材料回收与循环利用技术研究"作为自己论文的主题，然后使用 AIGC 工具来辅助生成论文的大纲。

（1）在 AIGC 工具内输入以下提示词。

生成论文大纲

> 我是一位专注于新能源汽车的研究者，我需要撰写一篇关于《燃料电池废旧材料回收与循环利用技术研究》的论文，以下是论文的大纲结构，请帮我进行优化和细化。
>
> 一、引言
> 二、燃料电池废旧材料回收与循环利用的现状与挑战
> 三、燃料电池废旧材料回收与循环利用技术的难点与瓶颈
> 四、燃料电池废旧材料回收与循环利用技术的策略与建议
> 五、案例分析
> 六、结论与展望

（2）AIGC 工具的回复如下。

> 您的论文大纲已经很好地覆盖了主要的研究领域，以下是对您提供的大纲结构的优化和细化建议。
>
> 一、引言
> 1. 背景介绍
> • 新能源汽车行业的发展概况。
> • 燃料电池技术在新能源汽车中的应用及其重要性。
> 2. 研究动因

- 燃料电池废旧材料回收与循环利用的环境和经济意义。
- 国内外对燃料电池废旧材料回收与循环利用的关注程度。

3. 研究目标与问题
- 明确本研究旨在解决的问题和达成的目标。
- 研究的预期成果及其对行业的潜在影响。

二、燃料电池废旧材料回收与循环利用的现状与挑战

1. 国际现状
- 各国燃料电池废旧材料回收与循环利用的政策、技术进展。

2. 国内现状
- 国内燃料电池废旧材料回收与循环利用的现状和政策环境。

3. 挑战分析
- 技术、经济、政策等方面的挑战。
- 回收与循环利用过程中的主要障碍。

······

七、参考文献

确保所有引用的文献都按照学术规范进行格式化。

八、附录

附加数据、图表、研究工具和方法的详细说明。

（3）马晓晓手动修改和优化了 AIGC 工具生成的大纲。

▶▶▶ 8.1.4 优化正文内容

在确定论文主题并构建详细的大纲之后，接下来是正文内容的编写阶段。这一部分是论文的核心，需要系统地展开论述，确保每个观点都得到充分的阐释和说明。

在这一阶段，研究者可以充分利用 AIGC 工具来辅助写作。研究者可以使用 AIGC 工具列出每个章节的核心写作要点与注意事项，为写作过程提供清晰的指引。对于已完成的内容，AIGC 工具能够进行优化与改写，有效提升论文质量。此外，利用 AIGC 工具还可以全面检查论文，包括发现并纠正各类错误，给出针对性的优化建议等，确保论文的完善与精准。

列出"二、燃料电池废旧材料回收与循环利用的现状与挑战"的写作要点和注意事项

【案例 8-3】列出"二、燃料电池废旧材料回收与循环利用的现状与挑战"的写作要点和注意事项

大纲确定后，马晓晓准备开始撰写论文的正文内容，她决定使用 AIGC 工具列出"二、燃料电池废旧材料回收与循环利用的现状与挑战"的写作要点和注意事项。

（1）在 AIGC 工具内输入以下提示词。

> 请列出"二、燃料电池废旧材料回收与循环利用的现状与挑战"的写作要点和注意事项。

（2）AIGC 工具的回复如下。

写作要点

国际现状

1. 政策环境
- 美国、欧洲和日本通过建立健全完善的法律机制，强制规定废旧电池应回收和再利用。

2. 技术进展

- 回收技术：包括物理分选、化学溶解、高温熔炼等方法，以及更环保的生物回收技术。
- 贵金属回收：如铂、钯等金属的有效回收和再利用，可以降低燃料电池的成本。

国内现状

1. 政策环境

- 国家重视：近年来，我国政府高度重视废旧电池的回收和处理工作，出台了一系列政策法规，如《中华人民共和国固体废物污染环境防治法》增加了危险废物的分类管理。
- 地方政策：如杭州、深圳等城市发布了相关实施意见和行动计划，推动电池循环利用的研究和应用。

2. 技术进展

- 回收技术：包括湿法冶金、火法冶金和生物冶金等。
- 企业实践：如博世动力总成有限公司与移动供应商 Hylane 的合作，以及亿华通与贵研铂业的战略合作，探索燃料电池的回收和再利用。

……

注意事项

- 数据准确性：引用的数据和信息需要确保准确无误，避免误导读者。
- 客观公正：在描述现状和挑战时，应保持客观公正，不偏不倚。

……

（3）马晓晓根据 AIGC 工具列出的写作要点和注意事项撰写"二、燃料电池废旧材料回收与循环利用的现状与挑战"的具体内容。

知识链接

在利用 AIGC 工具撰写论文时，这些工具应仅作为提供初步框架和思路的辅助手段，而不能替代个人的深入研究与分析。因此，研究者必须将个人的研究成果充分融入由 AIGC 工具生成的论文内容中，进行细致的修订与完善。同时，必须严格考证与核实论文中引用的所有案例和数据，以确保其准确无误。

8.2 AI 辅助学习新知识

在快速变化的知识时代，持续学习不仅是个人成长的阶梯，也是个人职业道路上不可或缺的钥匙。然而，面对纷繁复杂的信息，我们往往感到无从下手，高效、系统地学习新知识似乎成为一项艰巨的任务。而使用 AIGC 工具可以帮助我们制订学习计划，寻找学习资源，还能即时解答学习过程中遇到的问题，让学习之路变得更加清晰和顺畅。

8.2.1 制订学习计划

学习新知识的第一步是制订一个合理的学习计划。AIGC 工具能够根据我们的学习目标、兴趣偏好以及时间安排，智能生成个性化的学习计划。

制订学习计划的提示词参考结构如下。

请制订一个为期【时间长度】的学习【学习内容】的计划，计划需要包括【计划要求】等详细信息。同时，请确保计划具有可执行性和合理性。

【案例 8-4】制订网页设计学习计划

夏明想在 3 个月内学会网页设计，于是他使用 AIGC 工具帮他制订一个学习计划。

（1）在 AIGC 工具内输入以下提示词。

> 制订一个为期 3 个月的学习网页设计的计划，计划需要包括学习内容、时间安排、学习方式等详细信息。同时，请确保计划具有可执行性和合理性。

（2）AIGC 工具的回复如下。

网页设计 3 个月学习计划

一、目标概述

在接下来的 3 个月内，通过系统学习与实践，掌握网页设计的基本原理、工具使用、前端编程基础以及响应式设计技巧，能够独立完成简单至中等难度的网页设计项目。

二、学习内容概览

1. 网页设计基础

- 色彩理论与搭配
- 排版艺术

……

三、时间安排（每周）

1. 第 1~4 周：网页设计基础与工具掌握。

- 周一、三：学习色彩理论、排版艺术（每次 2 小时）。
- 周二、四：学习 UX（User experience，用户体验）/UI（User Interface，用户界面）的设计原则（每次 2 小时）。
- 周五：实践日，使用设计软件尝试进行简单设计（4 小时）。

……

四、学习方式

- 在线课程与教程：利用 Coursera、Udemy、网易云课堂等平台上的高质量课程。
- 实践操作：不断通过实际项目或练习巩固所学知识，包括个人网站、博客主题设计等。

……

通过这样有计划、有步骤的学习，相信在 3 个月后，你将具备扎实的网页设计基础知识与实践能力，为进一步的学习打下坚实的基础。

▶▶▶ 8.2.2 提供学习资源

制订学习计划后，还需要丰富的学习资源来支撑学习。AIGC 工具能够自动搜集并筛选高质量的学习材料，包括电子书、视频教程、在线课程、论坛讨论等。

提供学习资源的提示词参考结构如下。

> 请推荐一些学习【学习内容】的【具体要求】。

【案例 8-5】获取响应式布局学习资源

夏明在学习网页设计的过程中，发现需要掌握响应式布局的相关知识。为获取高质量的学习资源，他决定让 AIGC 工具推荐一些优质的学习响应式布局的网络教程。

（1）在 AIGC 工具内输入以下提示词。

> 请推荐一些学习响应式布局的网络教程。

（2）AIGC 工具的回复如下。

以下是一些学习响应式布局的网络教程推荐。

视频教程

1. 哔哩哔哩（Bilibili）

- UI/UX、网页、产品设计师必备技能：由视觉设计师 CreativeKev 分享，内容涵盖响应式布局的基本概念、断点设置以及在 Figma 中设置响应式栅格系统等。适合想要快速上手响应式布局的设计师和前端开发者。
- 六个案例学会响应式布局：由慕课网官方账号提供，通过六个实际案例详细讲解响应式布局的实现方法，包括媒体查询、流式布局、弹性布局等。适合想要通过实战学习响应式布局技巧的用户。

……

▶▶▶ 8.2.3　解答问题

在学习过程中，遇到难题在所难免。传统上，用户可能需要花费大量时间去翻阅图书、进行网络搜索或询问他人。但现在，AIGC 工具可以作为用户的私人学术顾问，即时解答问题，提供解题思路，甚至可以模拟对话，帮助用户更好地理解复杂概念。

解答问题的提示词可以采用"角色类型+具体要求+题目内容"的结构，参考如下。

假设你是一名【角色类型】，你的任务是为你的学生从【具体要求】讲解题目。

题目内容如下：

【题目内容】

【案例 8-6】获取"如何使用 CSS 为图片设置透明效果"的答案

在学习网页设计的过程中，夏明遇到了一些难题，如如何使用 CSS（Cascading Style Sheets，层叠样式表）为图片设置透明效果。为寻求答案，他决定利用 AIGC 工具来查找该问题的解决方案。

（1）在 AIGC 工具内输入以下提示词。

假设你是一名网页设计教师，你的任务是为你的学生从分析、解题、归纳知识点 3 个维度详细讲解题目。

题目内容如下：

如何使用 CSS 为图片设置透明效果？

（2）AIGC 工具的回复如下。

分析

这个问题是网页设计中的一个基础且重要的技能点，即如何使用 CSS 为图片设置透明效果。透明效果在网页设计中应用广泛，可以用于创建视觉层次、叠加效果、背景淡化效果等。CSS 提供了多种方法来实现图片的透明效果，主要涉及 opacity 属性和 rgba() 颜色模型。

解题

方法一：使用 opacity 属性。

opacity 属性用于设置元素（包括图片）的透明度。它的值是一个介于 0（完全透明）和 1（完全不透明）之间的数字。

```
img {
    opacity: 0.5; /* 将图片透明度设置为 50% */
}
```

获取"如何使用 CSS 为图片设置透明效果"的答案

......

归纳知识点
- opacity 属性：直接设置元素的透明度，适用于所有 HTML 元素，包括图片。
- rgba()颜色模型：用于设置颜色的透明度，在设置背景颜色时特别有用。

......

8.3 AI 模拟面试

在当今竞争激烈的就业市场中，面试作为求职者与企业双向选择的关键环节，其重要性不言而喻。随着 AI 技术的快速发展，AI 模拟面试系统应运而生，为求职者提供了一个便捷、高效的面试准备工具。

>>> 8.3.1 AI 模拟面试系统概述

AI 模拟面试系统是结合 AI 评测技术和岗位面试题库，通过模拟真实面试场景，为求职者提供实时反馈和针对性指导的面试准备工具。

1. AI 模拟面试系统的特点

AI 模拟面试系统以其个性化定制、实时反馈和数据驱动的特点，为求职者提供了高效且针对性强的面试准备体验。它根据求职者的简历和求职意向量身定制面试题目，确保面试准备紧贴实际需求；同时，它能够即时分析求职者的回答，给出评分和具体建议，助力求职者迅速调整和优化面试策略；此外，依托大数据和机器学习技术，AI 模拟面试系统能够持续优化面试题目和评估标准，为求职者提供更为精准的面试指导。

2. AI 模拟面试的优势

AI 模拟面试的优势主要体现在以下 3 个方面。
- 提高面试技巧：通过多次模拟面试，求职者可以熟悉面试题型和回答技巧，提升面试能力。
- 增强自信心：通过模拟面试的实战演练，求职者能够更从容地应对真实面试场景，增强自信心。
- 节省时间成本：AI 模拟面试可以随时随地进行，无须等待面试官的安排，能够有效节省求职者的时间成本。

>>> 8.3.2 常用的 AI 模拟面试系统

AI 模拟面试系统在现代招聘流程中扮演着越来越重要的角色，它们不仅可以提高招聘效率，还可以帮助求职者更好地准备和应对面试。下面介绍几款常用的 AI 模拟面试系统。

1. 多面鹅 AI 模拟面试系统

多面鹅（OfferGoose）AI 模拟面试系统是一款专为人力资源领域设计的 AIGC 工具，旨在通过 AI 技术的力量，为求职者打造一个随时随地都能使用的面试技能提升平台，其工作界面如图 8-1 所示。该系统运用先进的 AI 技术，从多个维度全面评估求职者的面试表现。借助这种全面而细致的评估方式，求职者能够更准确地认识到自身的优势与不足，进而有的放矢地进行自我提升。

2. 牛客 AI 模拟面试系统

牛客 AI 模拟面试系统凭借自然语言处理能力和丰富的题库资源，在模拟真实面试场景方面表现出色，其界面如图 8-2 所示。该系统能够准确理解并分析求职者的回答，从而提供详尽的反馈和改进建议。这种即时的反馈机制对求职者来说十分重要，能够帮助求职者及时认识到自己在面试中的不足，并针对性地进行调整和优化。

图 8-1　多面鹅 AI 面试系统的界面

图 8-2　牛客 AI 模拟面试系统的界面

【案例 8-7】使用牛客 AI 模拟面试系统进行项目介绍模拟面试

夏明希望应聘一个图书排版岗位，他深知在面试过程中面试官通常会邀请求职者详细介绍过往参与的项目，并借此来评判求职者的专业技能和实践能力。为了在这一环节表现得更加出色，夏明决定借助牛客 AI 模拟面试系统进行项目介绍的模拟练习，以提升自己的表达能力和优化展示效果，为成功应聘图书排版岗位做好充分准备。

使用牛客 AI 模拟面试系统进行项目介绍模拟面试

（1）在牛客 AI 模拟面试系统中单击"项目介绍"超链接，进入 AI 对话界面。

（2）面试官会先询问岗位和项目的相关信息，并生成一份项目介绍，如图 8-3 所示。求职者可以继续补充更多的信息来完善项目介绍。

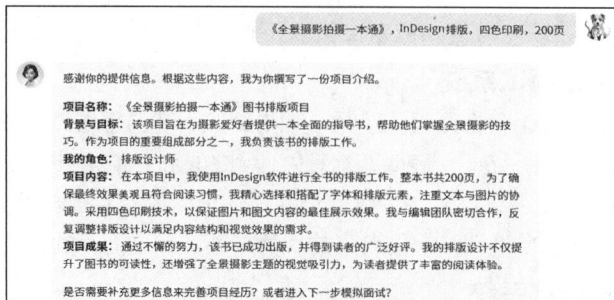

图 8-3　生成项目介绍

（3）在求职者确定开始模拟面试后，面试官会点评项目介绍，并生成几道面试追问押题及其回答思路，如图 8-4 所示。然后面试官将会邀请求职者进行视频面试。

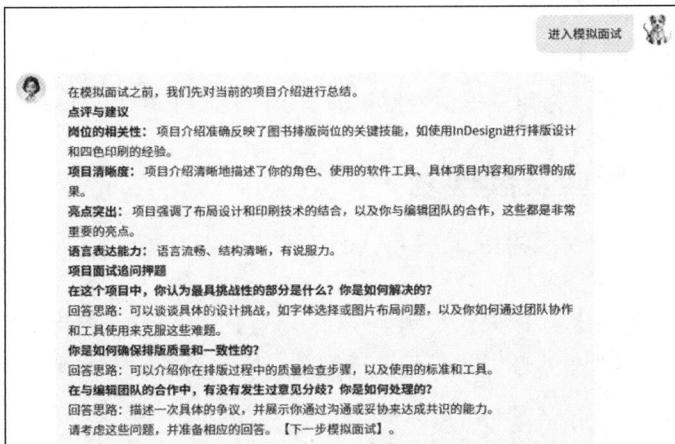

图 8-4　生成点评、面试追问押题和回答思路

（4）在进行视频面试前，系统会监测求职者的网络、摄像头等，检测通过后进入"AI 模拟面试"对话框，在其中通过语音回答面试官的问题，如图 8-5 所示。

图 8-5　进行 AI 模拟面试

（5）面试完成后，面试官会给出评分和优化建议，如图 8-6 所示。

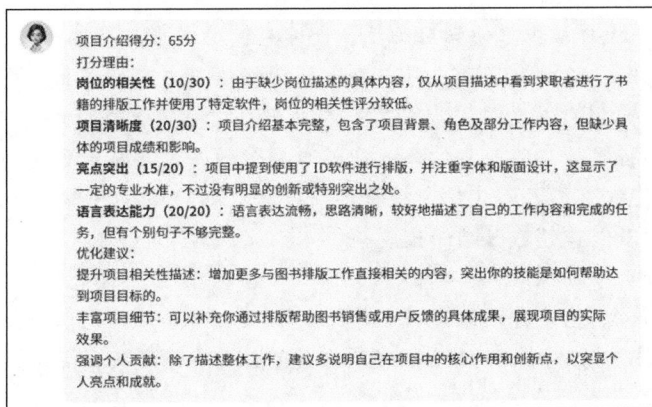

图 8-6　评分和优化建议

8.4 AI 职业顾问

在竞争激烈的职场环境中，找到一条适合自己的职业发展道路并非易事。随着 AI 技术的进步，AIGC 工具不仅可以为用户提供个性化的建议，还能帮助用户解决职场中的各种挑战。

▶▶▶ 8.4.1 职业发展规划

职业发展规划是职业生涯的基石，使用 AIGC 工具可以根据用户的兴趣、技能和市场需求，为用户量身定制一条发展路径。

职业发展规划的提示词可以采用"角色+要求+资料"的结构，参考如下。

> 你是一名专业的职业规划师，请根据以下资料为我量身定制一条职业发展路径。
> 我的资料如下。
> 【具体信息，包括姓名、兴趣、技能等】

【案例 8-8】使用 AIGC 工具制订职业发展规划

自初中起，夏明便踏上了学习绘画之旅，并在大学期间就读油画专业。与此同时，他对动漫也有浓厚的兴趣。在即将告别校园生活、步入社会的重要关口，夏明对于未来的职业道路感到迷茫。为了更清晰地规划自己的职业生涯，他决定借助 AIGC 工具来制订一份详尽的职业发展规划。

使用 AIGC 工具制订职业发展规划

（1）在 AIGC 工具内输入以下提示词。

> 你是一名专业的职业规划师，请根据以下资料为我量身定制一条职业发展路径。
> 我的资料如下。
> 姓名：夏明。
> 兴趣：动漫。
> 技能：初中开始学习绘画，大学专业为油画专业。

（2）AIGC 工具的回复如下。

夏明职业发展规划建议

一、前言

夏明，作为一名拥有深厚绘画功底和浓厚动漫兴趣的青年，你的职业发展规划应当充分结合你的技能与爱好，以实现个人价值与社会价值。以下是我为你量身定制的一份职业发展规划。

二、自我分析

1. 技能优势：你自初中起便学习绘画，大学期间更是专攻油画专业，这为你打下了坚实的绘画基础。同时，你对动漫的浓厚兴趣也为你提供了丰富的创作灵感和素材。

2. 兴趣导向：动漫作为你的一大爱好，不仅是你放松与娱乐的方式，更是你表达自我、展现才华的舞台。将兴趣与职业相结合，能够激发你的工作热情和创造力。

3. 性格特质：作为艺术家，你可能具备细腻、敏感、富有想象力的性格特质，这些特质将有助于你在动漫创作领域脱颖而出。

三、职业定位

结合你的技能和兴趣，我建议你将职业定位为"动漫创作与油画艺术融合的创新型艺术家"。这一职业定位既能够充分发挥你的绘画技能，又能够让你在动漫领域找到属于自己的舞台。

四、发展目标

1. 短期目标（1~3 年）

- 精通动漫创作技巧，包括角色设计、场景绘制、故事编排等。
- 参与或主导至少一个动漫项目的创作，积累实战经验。
- 在社交媒体或专业平台上展示你的作品，积累粉丝和口碑。

……

七、总结

夏明，你的绘画技能和动漫兴趣为你提供了职业发展的空间。通过明确职业定位、设定发展目标、制订实施策略，你将在动漫创作领域取得辉煌的成就。愿你在艺术的道路上越走越远，实现自己的梦想与价值。

▶▶▶ 8.4.2 撰写简历和求职信

在求职过程中，一份优秀的简历和求职信是敲开企业大门的关键。AIGC 工具可以根据用户的工作经历、教育背景和技能，生成个性化的简历和求职信。

撰写简历的提示词可以采用"要求+资料"的结构，参考如下。

根据以下资料生成简历和求职信，要求内容丰富，适度包装。

职位信息：【职位信息】。

简历信息：【包括姓名、联系方式、教育背景等】。

【案例 8-9】使用 AIGC 工具制作简历和求职信

张伟即将于今年从××科技大学的计算机科学与技术系毕业，近期他在招聘网站上留意到 XYZ 科技有限公司正在招募后端工程师。鉴于他对该岗位有着浓厚的兴趣，并希望能更有效地展示自己的资质与潜力，张伟决定利用 AIGC 工具来辅助制作一份简历和一封求职信，以期在应聘过程中脱颖而出。

使用 AIGC 工具
制作简历和求职信

（1）在 AIGC 工具内输入以下提示词。

根据以下资料生成简历和求职信，要求内容丰富，合理发散，适度包装。

职位信息：单位为 XYZ 科技有限公司，岗位为后端工程师。

简历信息：张伟，138****5678，zhang****@example.com，××科技大学 计算机科学与技术系 学士学位，2019 年 9 月—2023 年 6 月；2022 年 8 月—2022 年 12 月，在 ABC 科技公司实习（做后端开发）；熟悉 Java，Python，C++；个人项目：校园导航 App，获得学校科技创新大赛二等奖。

（2）AIGC 工具的回复如下。

简历

基本信息

姓　名：张伟

联系电话：138****5678

电子邮箱：mailto:zhang****@example.com

教育背景

××科技大学 计算机科学与技术系

- 学士学位。
- 在校时间：2019 年 9 月—2023 年 6 月。
- 主修课程：数据结构、算法设计、计算机网络、操作系统等。
- 成绩排名：前 10%，多次获得校级奖学金。

实习经历

ABC 科技公司 后端开发实习生

- 实习时间：2022 年 8 月—2022 年 12 月。
- 工作内容：
  - 参与后端系统设计与开发，负责模块间的接口定义与实现；
  - 使用 Java 和 Python 进行服务器端的逻辑编写，优化代码性能；
  - 协助进行数据库设计与优化，提升数据查询效率；
  - 参与项目测试，编写测试用例，确保软件质量。

……

求职信

尊敬的 XYZ 科技有限公司招聘团队：

您好！

我是张伟，非常荣幸能有机会向贵公司投递我的简历，申请后端工程师一职。在××科技大学计算机科学与技术系的学习经历，以及 ABC 科技公司的实习经验，让我对后端开发有了深刻理解的同时，也有了与后端开发相关的实战经验。

在校期间，我不仅系统地学习了数据结构、算法设计等核心课程，还积极参与各类项目实践，努力将理论知识转化为实际能力。我的校园导航 App 项目不仅让我锻炼了后端开发技能，还让我学会了如何与团队成员高效协作，共同解决问题。该项目荣获学校科技创新大赛二等奖，也进一步坚定了我从事后端开发的决心。

在 ABC 科技公司的实习期间，我有幸参与了项目的后端开发，从需求分析到系统设计，再到编程实现和测试，我全程参与并贡献了自己的力量。这段经历不仅让我对后端开发流程有了更全面的认识，还让我学会了如何在压力下保持高效工作，如何与团队成员有效沟通。

我深知贵公司在后端技术领域有着卓越的成就和深厚的积累，我非常渴望能够加入这样一个充满活力和创新精神的团队，与优秀的同事们一起成长，共同推动公司技术的发展。我相信，凭借我的专业技能、实习经验和持续学习的态度，我能够为贵公司的后端开发团队带来新的活力和贡献。

衷心感谢您花时间阅读我的简历和求职信。我期待着有机会与您面谈，进一步探讨我如何为 XYZ 科技有限公司贡献自己的力量。请随时通过 138****5678 或 zhang****@example.com 与我联系。

此致

敬礼！

张伟

[日期]

▶▶▶ 8.4.3　职场问题咨询

在职场生涯中，人们难免会遇到各种挑战和困惑，如职场人际关系、职业发展瓶颈等。用户使用 AIGC 工具可以进行专业的咨询和获得详细的建议。

职场问题咨询的提示词可以采用"角色+要求+问题"的结构，参考如下。

你是一位职业顾问，请针对以下有关职场的问题进行回答。

待回答问题：【问题内容】。

请确保回答准确、专业，并给出具体的建议或解决方案。

【案例 8-10】使用 AIGC 工具解决职场中遇到的问题

王东波初入职场，面对工作中层出不穷的挑战与难题，他认为仅凭个人经验难以应对。为更高效地解决这些问题并提升自身能力，他决定借助 AIGC 工具来快速获取专业且精准的建议，助力自己在职业生涯中稳步前行。

使用 AIGC 工具解决
职场中遇到的问题

（1）在 AIGC 工具内输入以下提示词。

> 你是一位职业顾问，请针对以下有关职场的问题进行回答。
>
> 待回答问题：职场新人因工作量大、任务紧急或期望过高等因素而感到压力巨大，该如何解决。
>
> 请确保回答准确、专业，并给出具体的建议或解决方案。

（2）AIGC 工具的回复如下。

> 职场新人面对工作量大、任务紧急或期望过高等因素导致的巨大压力，确实是一个常见的职场挑战。以下是一些具体的建议或解决方案，可以帮助职场新人有效应对职场压力。
>
> 1. 时间管理与优先级排序
>
> 建议：学会时间管理是关键。使用工具如日程表、待办事项列表或时间管理应用来跟踪任务进度和进行时间安排。
>
> 做法：将任务按紧急程度和重要性进行排序，优先处理那些既紧急又重要的任务。对于不紧急但重要的任务，可以规划在后续时间内完成。
>
> 2. 沟通与寻求支持
>
> 建议：不要独自承受压力，与上级、同事或团队成员在沟通中保持开放性。
>
> 做法：如果任务量过大或期望过高，及时与上级沟通，讨论任务的可行性、期限或资源需求。同时，可以向同事请教或寻求帮助，共同分担工作压力。
>
> ……
>
> 综上所述，职场新人面对职场压力时，可以通过时间管理与优先级排序、沟通与寻求支持、设定合理目标、培养应对技巧、保持健康生活方式以及寻求专业帮助等方式来有效缓解压力。记住，职场压力是常见的，关键是学会如何应对它，使自己能够在职场中健康成长。

8.5 AI 心理健康顾问

AI 心理健康顾问是指利用 AI 技术，模拟心理咨询师的角色，为用户提供心理健康支持、评估和干预服务的系统。鉴于心理健康需求的不断增长以及对专业心理咨询师的迫切需求，AI 心理健康顾问应运而生，成为传统心理咨询的重要补充。

▶▶▶ 8.5.1 AI 心理健康顾问的应用场景

AI 心理健康顾问作为一种新兴的技术应用，逐渐改变着传统心理健康服务的模式。它不仅能够提供快速、便捷的心理评估与咨询服务，还能结合个体需求，给出定制化的心理治疗方案。

1. 自动化心理评估

AIGC 工具可以通过数据分析和算法预测，为用户提供快速和准确的心理评估。通过收集和分析用户的行为数据和生理指标，AIGC 工具可以帮助医生和心理咨询师更好地了解用户的心理状态，提供精准的诊断和治疗方案。

2. 模拟心理咨询师

AIGC 工具可以模拟心理咨询师的角色，通过自然语言对话系统，为用户提供情绪识别、共情反馈、建议等功能，帮助用户缓解压力、调节情绪。

3. 数字疗法和干预

AIGC 工具可以结合与用户需求相契合的循证算法模型，为用户提供有效的数字疗法解决方案。例如，通过自然语言处理的相关技术，将用户输入的信息处理为符合精神心理诊断体系的计算机符号，并提供相应的干预措施。

4. 辅助诊疗和康复

AIGC 工具可以作为辅助诊疗和康复的工具，通过自然语言生成技术，为心理咨询师提供生成诊疗记录和评估报告等功能，提高服务效率和质量。

5. 情绪陪伴和支持

对于轻度的、亚健康的人群，AIGC 工具可以通过自然语言对话系统，提供情绪支持和心理疏导，确保用户心理健康。

▶▶▶ 8.5.2 常用的 AI 心理咨询工具

AI 心理咨询工具融合了先进的 AI 技术与丰富的心理学知识，旨在为用户提供既便捷又高效的心理健康服务。下面介绍两个常用的 AI 心理咨询工具。

1. 华师心理

微信的"华师心理"小程序中的 AI 心理咨询功能，通过集成先进的语言模型和情感分析技术，为用户提供专业化、个性化的心理咨询服务。

【案例 8-11】使用"华师心理"小程序进行心理咨询

夏明致力于将工作做到尽善尽美，然而，对高质量的追求导致他花费了大量的时间，以至于常常无法按时完成任务。面对质量与时间之间的艰难抉择，他深感苦恼。为了寻求解决方案，夏明决定利用"华师心理"小程序进行心理咨询。

使用"华师心理"
小程序进行心理咨询

（1）在微信中进入"华师心理"小程序，点击"AI 心理咨询师"卡片中下方的"去咨询"按钮，如图 8-7 所示。

（2）进入"AI 心理咨询师"界面，选择"心理成长"栏中的"AI 心理咨询师"选项，如图 8-8 所示。

图 8-7　点击"去咨询"按钮

图 8-8　选择"AI 心理咨询师"选项

（3）在打开的界面中，和心理咨询师进行对话，心理咨询师会在对话中提供情绪支持和心理疏导，如图 8-9 所示。

2. 镜象健康

"镜象健康"小程序是一款由深圳市镜象科技有限公司打造的心理健康服务平台，它集成 AI 测评师、AI 倾诉师以及 AI 心理师三大核心功能。其中，AI 测评师通过科学的算法和精准的模型，为用户提供全面且个性化的心理健康测评服务；AI 倾诉师则化身为用户的贴心倾听者，无论何时何地都能接纳用户的情感流露，并给予温暖的陪伴与安慰；而 AI 心理师，更是结合了专业的心理学知识与 AI 技术，为用户提供定制化的心理咨询服务，帮助用户深入剖析心理问题，寻找有效的解决方案，引导用户拥有更加健康、积极的心理状态。

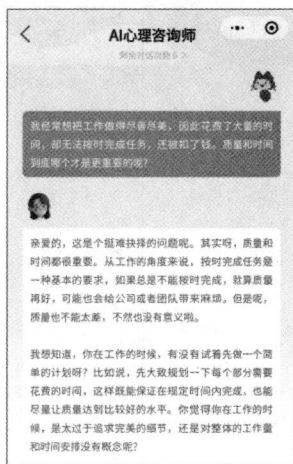

图 8-9 进行心理咨询

【案例 8-12】使用"镜象健康"小程序进行 AI 心理健康评测

夏明近期频繁感到身心俱疲，为了清晰地了解自己的心理健康状态，他决定利用"镜象健康"小程序中的"AI 测评师"功能进行一次心理健康评估。

（1）在微信中进入"镜象健康"小程序，在首页中点击"AI 测评师"按钮，然后点击"进入测评"按钮，如图 8-10 所示。

（2）在打开的"测评介绍"界面中，点击"立即体验"按钮，如图 8-11 所示。

使用"镜象健康"小程序进行 AI 心理健康评测

图 8-10 点击"进入测评"按钮

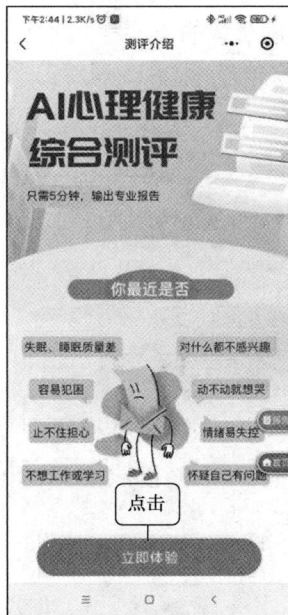

图 8-11 "测评介绍"界面

（3）阅读并同意隐私协议，再回答称呼、性别和年龄等基本信息，然后点击"我知道了"按钮，如图 8-12 所示。

（4）在"量表测评"界面中，根据量表的问题选择合适的选项，如图 8-13 所示。题目的数量和关卡数会根据用户选择的答案自动匹配。

图 8-12　回答基本信息

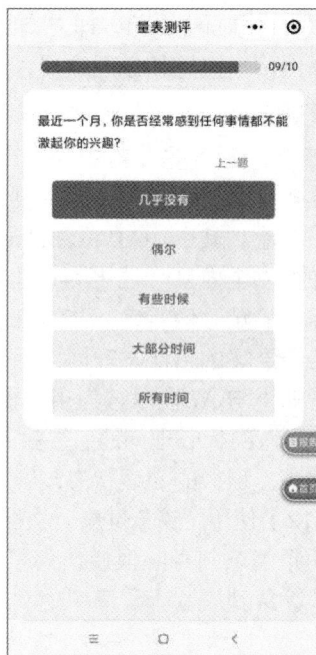

图 8-13　进行量表测评

（5）量表测评完成后，开始视频问诊，长按"按住说话"按钮，通过语音回答 AI 心理测评师的问题，如图 8-14 所示。

（6）视频问诊完成后将生成心理测评报告，点击"单击查看报告"按钮进入"产品报告"界面，再点击刚生成的心理测评报告后的"查看"按钮，在打开的报告界面中显示了用户的综合心理健康状态，如图 8-15 所示。

图 8-14　进行视频问诊

图 8-15　综合心理健康状态

（7）"量表结果解读"选项卡中显示了根据测试得出的结论以及躯体疲劳和脑力疲劳的得分和说明等内容，如图 8-16 所示。

（8）"视频结果解读"选项卡中显示了通过视频检测得到的各项数据，并据此得出了性格特征分析等结果，如图 8-17 所示。

（9）"行动建议"选项卡中显示了调节亚健康的行动建议，如图 8-18 所示。

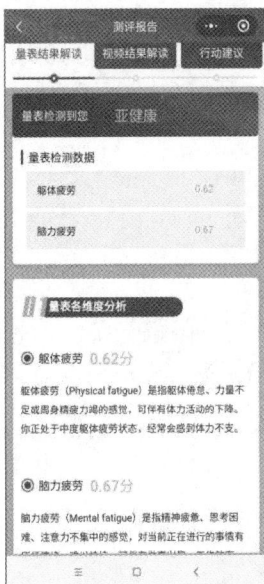

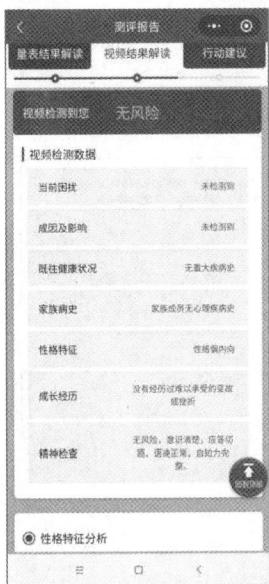

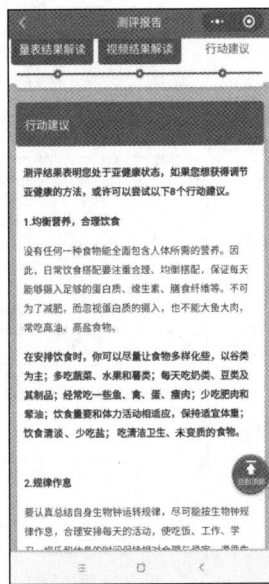

图 8-16 "量表结果解读"选项卡 　图 8-17 "视频结果解读"选项卡 　图 8-18 "行动建议"选项卡

8.6 综合实践

本章核心内容聚焦于 AIGC 在学习与个人成长领域的广泛应用，包括 AI 辅助论文写作、AI 辅助学习新知识、AI 模拟面试、AI 职业顾问以及 AI 心理健康顾问等方面。接下来，将通过 AIGC 助力个人全面发展这一案例，展示 AIGC 在助力学习与个人成长方面的具体应用。

AIGC 助力个人
全面发展

8.6.1 实践背景

李刚是一名艺术设计专业的大学生，他希望在大学期间全面提升自己的综合素质，包括学术能力、职业技能、心理健康等方面。为实现这一目标，他决定利用 AIGC 工具为自己制订一个全面的发展计划。

8.6.2 实践思路

在学习各科知识时使用 AIGC 工具定制个性化的学习方案，并通过 AIGC 工具生成课件和教案。在撰写学术论文时，利用 AIGC 工具辅助论文的写作。在找工作时，利用 AIGC 工具进行职业规划和就业指导，并通过 AI 模拟面试，提前适应面试环境，掌握面试技巧。整个操作思路如图 8-19 所示。

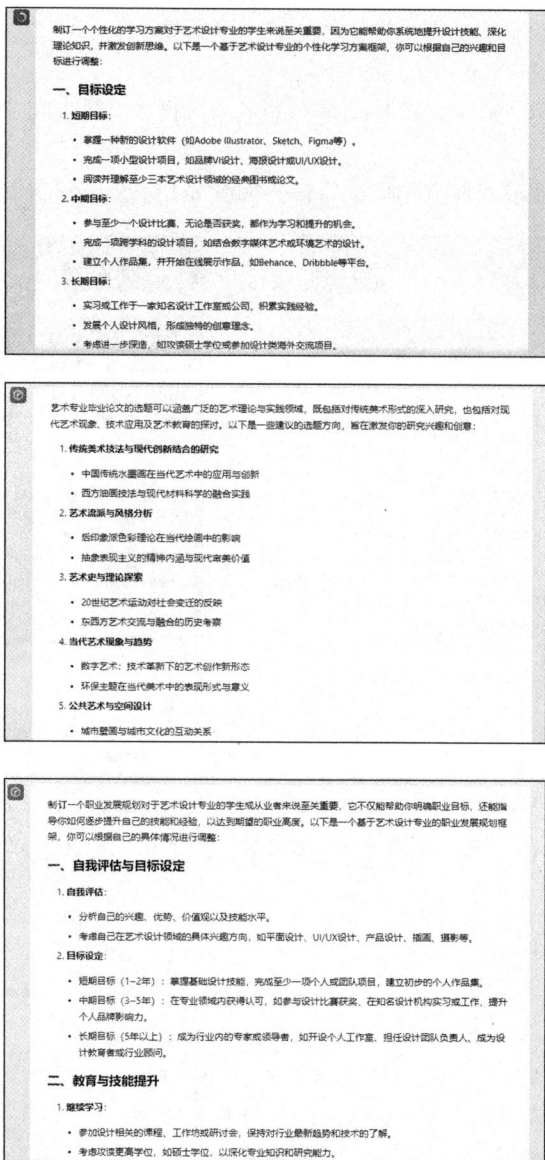

制订一个个性化的学习方案对于艺术设计专业的学生来说至关重要，因为它能帮助你系统地提升设计技能、深化理论化知识，并激发创新思维。以下是一个基于艺术设计专业的个性化学习方案框架，你可以根据自己的兴趣和目标进行调整：

一、目标设定

1. 短期目标：

- 掌握一种新的设计软件（如Adobe Illustrator、Sketch、Figma等）。
- 完成一项小型设计项目，如品牌VI设计、海报设计或UI/UX设计。
- 阅读并理解至少三本艺术设计领域的经典图书或论文。

2. 中期目标：

- 参与至少一个设计比赛，无论是否获奖，都作为学习和提升的机会。
- 完成一项跨学科的设计项目，如结合数字媒体艺术或环境艺术的设计。
- 建立个人作品集，并开始在线展示作品，如Behance、Dribbble等平台。

3. 长期目标：

- 实习或工作于一家知名设计工作室或公司，积累实践经验。
- 发展个人设计风格，形成独特的创意理念。
- 考虑进一步深造，如攻读硕士学位或参加国外交流项目。

1. 制订个性化的学习方案
平台：各大AI大模型平台。
根据李刚的学习习惯、兴趣和专业需求，使用AIGC工具定制个性化的学习计划。该计划包括针对薄弱环节的强化训练、兴趣领域的深入学习以及跨学科的拓展学习等内容。通过AIGC工具生成课件和教案，使李刚能够更加高效地掌握知识。

艺术专业毕业论文的选题可以涵盖广泛的艺术理论与实践领域，既包括对传统美术形式的深入研究，也包括对现代艺术现象、技术应用及艺术教育的探讨。以下是一些建议的选题方向，旨在激发你的研究兴趣和创意：

1. 传统美术技法与现代创新结合的研究

- 中国传统水墨画在当代艺术中的应用与创新
- 西方油画技法与现代材料科学的融合实践

2. 艺术流派与风格分析

- 后印象派色彩理论在当代绘画中的影响
- 抽象表现主义的精神内涵与现代审美价值

3. 艺术史与理论探索

- 20世纪艺术运动对社会变迁的反映
- 东西方艺术交流与融合的历史考察

4. 当代艺术现象与趋势

- 数字艺术：技术革新下的艺术创作新形态
- 环保主题在当代美术中的表现形式与意义

5. 公共艺术与空间设计

- 城市雕塑与城市文化的互动关系

2. AI辅助论文写作
平台：各大AI大模型平台、AI论文工具。
将AIGC工具作为论文写作辅助工具，可以帮助李刚快速生成论文框架、引用文献，并可以提供个性化的写作建议和修改意见等。

制订一个职业发展规划对于艺术设计专业的学生成从业者来说至关重要，它不仅能帮助你明确职业目标，还能指导你如何逐步提升自己的技能和经验，以达到期望的职业高度。以下是一个基于艺术设计专业的职业发展规划框架，你可以根据自己的具体情况进行调整：

一、自我评估与目标设定

1. 自我评估：

- 分析自己的兴趣、优势、价值观以及技能水平。
- 考虑自己在艺术设计领域的具体兴趣方向，如平面设计、UI/UX设计、产品设计、插画、摄影等。

2. 目标设定：

- 短期目标（1~2年）：掌握基础设计技能，完成至少一项个人或团队项目，建立初步的个人作品集。
- 中期目标（3~5年）：在专业领域内获得认可，如参与设计比赛获奖、在知名设计机构实习或工作，提升个人品牌影响力。
- 长期目标（5年以上）：成为行业内的专家或领导者，如开设个人工作室、担任设计团队负责人、成为设计教育者或行业顾问。

二、教育与技能提升

1. 继续学习：

- 参加设计相关的课程、工作坊或研讨会，保持对行业最新趋势和技术的了解。
- 考虑攻读更高学位，如硕士学位，以深化专业知识和研究能力。

3. 职业规划与就业指导
平台：各大AI大模型平台、AI模拟面试系统。
AIGC工具会根据李刚的兴趣、能力和市场需求等信息，提供职业规划和就业指导服务，并生成个性化的职业规划建议。同时，利用AI模拟面试系统，李刚可以提前适应面试环境，掌握面试技巧。

图 8-19　操作思路

8.7　课后习题

1. 填空题

（1）AIGC 在教育与个人成长领域展现出巨大的潜力，从_____到_____，从_____到_____，再到_____，AIGC 都可以提供强有力的技术支撑和创新的解决方案。

（2）AI 在论文写作中的应用主要包括_____、_____、_____、_____和_____等。

（3）使用 AIGC 工具确定论文选题时，用户需要提供自己的_____、_____以及期望列出的潜在研究选题的数量。

（4）AI 模拟面试系统通过模拟_____，为求职者提供_____和_____。

（5）职业发展规划是职业生涯的基石，AIGC 工具可以根据用户的_____、_____和_____，为用户量身定制发展路径。

（6）AI 心理健康顾问通过自然语言对话系统，为用户提供_____、_____和_____等功能。

2. 单选题

（1）AI 在论文写作中的主要作用是（　　）。

A. 替代研究者进行创作　　　　　　B. 提供全方位的辅助支持

C. 仅负责排版和格式检查　　　　　D. 无须研究者参与

（2）（　　）不属于 AI 模拟面试系统的优势。

A. 提高面试技巧　　　　　　　　　B. 减轻求职者的经济负担

C. 节省时间成本　　　　　　　　　D. 提高招聘效率

（3）在制订学习计划时，AIGC 工具主要依据的是（　　）。

A. 用户的学习成绩　　　　　　　　B. 用户的学习习惯、兴趣和专业需求

C. 用户的社交关系　　　　　　　　D. 用户的年龄和性别

（4）使用 AIGC 工具制订学习计划时，不需要提供的信息是（　　）。

A. 学习内容　　　　　　　　　　　B. 学习方式

C. 用户的家庭背景　　　　　　　　D. 学习时间安排

3. 操作题

（1）请使用 AIGC 工具为你自己制订一个为期一个月的学习 Python 编程的计划，包括学习内容、时间安排和学习方式。

（2）假如你正在撰写一篇关于人工智能在医疗领域的应用的论文，请使用 AIGC 工具辅助优化论文的大纲。

第9章
AIGC丰富个人生活

在当今这个快速发展的数字时代，AIGC已经渗透到我们生活的方方面面，从工作到娱乐，再到日常生活的各个细微之处，AIGC正以前所未有的方式提升我们的生活质量，使日常体验变得更加有趣且充满惊喜。本章将深入探讨AIGC在丰富个人生活中的具体应用，通过丰富的案例展示AIGC如何进行行行规划、餐饮规划以及影视推荐。

【学习目标】

知识目标
- 掌握使用AIGC工具进行旅行规划的方法。
- 掌握使用AIGC工具进行餐饮规划的方法。
- 掌握使用AIGC工具获得影片推荐的方法。

能力目标
- 能够使用AIGC工具完成旅行行程设计、获得景点推荐、预算规划等操作。
- 能够使用AIGC工具完成菜单定制、学习菜品制作、获得饮食建议等操作。
- 能够使用AIGC工具获得影片推荐、影片简介与评价。

9.1　AI旅行规划

在数字化时代，旅行规划已不再局限于传统的地图和攻略本。随着AI技术的飞速发展，使用AIGC工具进行旅行规划不仅能够极大地提升规划效率，还能让旅行体验变得更加个性化。

▶▶▶ 9.1.1　智能化行程设计

用户在设计行程时，只需提供出发地、目的地、旅行时间以及个人喜好等信息，AIGC工具就能生成一份详尽的行程计划。行程计划不仅有简单的地点罗列，还有天气、交通状况、景点开放时间等多维度信息，以及为用户量身定制的行程路线。

使用AIGC工具进行行程设计的提示词参考结构如下。

我家住【出发地】，计划在【日期】前往【目的地】展开一场为期【天数】天的旅行。我更加偏爱【兴趣爱好】，请为我设计一条【要求】旅游路线。

【案例 9-1】设计成都及周边 7 日游行程

唐风家住西安，计划在 7 月份前往成都展开一场为期 7 天的旅行。由于他喜欢探索自然风光，为了精心设计一条既符合个人兴趣又高效合理的旅游路线，他决定借助 AIGC 工具来制订一个既完美又个性化的行程计划。

（1）在 AIGC 工具中输入以下提示词。

设计成都及周边 7 日游行程

我家住西安，计划在 7 月份前往成都展开一场为期 7 天的旅行。我喜欢探索自然风光，请为我设计一条既符合个人兴趣又高效合理的旅游路线。

（2）AIGC 工具的回复如下。

以下是一条为偏爱自然风光的您精心设计的成都 7 日游路线，旨在让您充分领略成都及周边地区的自然美景与文化风情。

第 1 天：抵达成都，宽窄巷子初体验。

- 上午：抵达成都后，先办理入住手续，稍做休息。
- 下午：前往【宽窄巷子】，这里是成都历史文化的缩影，您可以在古色古香的巷弄中漫步，品尝地道的成都小吃，感受成都的慢生活节奏。
- 晚上：在宽窄巷子附近享用一顿正宗的成都火锅，体验麻辣鲜香的味觉盛宴。

第 2 天：青城山探幽。

- 全天：前往【青城山】，这是道教的发源地之一，以幽静的环境和丰富的自然景观著称。您可以乘坐索道上山，游览上清宫、天师洞等著名景点，享受清新的山林空气和宁静的修行氛围。

第 3 天：都江堰水利工程与熊猫基地。

- 上午：参观【都江堰水利工程】，了解古代中国智慧的结晶，感受千年古堰的壮丽与精妙。
- 下午：前往【成都大熊猫繁育研究基地】，近距离观察憨态可掬的大熊猫，了解它们的生活习性和对它们的保护工作。

……

希望这条路线能够满足您的要求，同时能让您体验到成都深厚的文化底蕴。祝您旅途愉快！

▶▶▶ 9.1.2　个性化景点推荐

每个人的旅行喜好各不相同，AIGC 工具可以根据用户的兴趣爱好推荐相关的旅游景点。

古蜀文化景点推荐

使用 AIGC 工具进行个性化景点推荐的提示词参考结构如下。

我对【兴趣爱好】很感兴趣，请推荐一些相关景点。

【案例 9-2】古蜀文化景点推荐

唐风对古蜀文化深感兴趣，为了深入了解和亲身体验这一神秘而古老的文化遗产，他决定让 AIGC 工具为自己推荐一些既能满足探索欲望又充满古蜀风情的旅游景点。

（1）在 AIGC 工具中输入以下提示词。

我对古蜀文化很感兴趣，请推荐一些相关景点。

（2）AIGC 工具的回复如下。

如果您对古蜀文化感兴趣，那么四川绝对是一个不容错过的地方。古蜀文化作为中华文明的重要组成部分，拥有悠久的历史和独特的魅力。以下是一些与古蜀文化相关的景点推荐。

三星堆遗址
- 位置：位于广汉市南兴镇境内鸭子河南岸。
- 简介：三星堆遗址是古蜀文化的核心区域，这里曾是古蜀国的都城，是现今发现的最大的古蜀文化遗址之一。
- 亮点：
  - 出土了大量珍贵的文物，如青铜神树、青铜大立人、黄金面具等，这些文物造型独特、工艺精湛，展示了古蜀文明的辉煌成就；
  - 三星堆博物馆内有着丰富的三星堆文化遗物，是了解古蜀文化的重要途径。

金沙遗址
- 位置：位于成都市青羊区。
- 简介：金沙遗址是古蜀文明的重要遗址之一，与三星堆遗址有着密切的文化联系。这里出土了大量珍贵的文物，如太阳神鸟金饰、金面具等。
- 亮点：
  - 金沙遗址的文物展示了古蜀文明的独特艺术风格和宗教信仰；
  - 金沙遗址博物馆通过丰富的展品和生动的展览形式，为游客提供了一个深入了解古蜀文化的平台。

……

旅游建议
- 交通：四川的交通十分便利，您可以选择乘坐飞机、高铁或汽车前往四川，乘坐公交或地铁前往相关景点。
- 住宿：在旅游期间，您可以选择住在成都市内或各个景点附近的酒店或民宿，以便更好地游览和体验古蜀文化。
- 美食：四川的美食丰富多样，如火锅、串串香、龙抄手等都是不容错过的美食。

总之，四川的古蜀文化景点众多，无论您是对历史遗迹感兴趣还是对文化艺术情有独钟，在这里都能找到满足自己需求的旅游目的地。

9.1.3　旅行预算规划

旅行预算规划常常令人感到棘手，而借助 AIGC 工具可以很好地解决这一问题。AIGC 工具能够根据用户的预算范围，智能地筛选出合适的交通工具、住宿选项以及餐饮选择，让旅行计划既符合预算又舒适满意。

使用 AIGC 工具进行旅行预算规划的提示词参考结构如下。

我计划从【出发地】出发，前往【目的地】展开一场为期【天数】天的旅行，我的预算为【具体预算】，请帮我规划旅行预算。

【案例 9-3】西安 7 日游旅行预算规划

方婷婷计划从成都出发，前往西安展开一场为期 7 天的旅行。为确保旅行支出合理，她设定了 5000 元的预算，并决定利用 AIGC 工具来规划她的旅行预算。

西安 7 日游旅行预算规划

（1）在 AIGC 工具中输入以下提示词。

我计划从成都出发，前往西安展开一场为期 7 天的旅行，我的预算为 5000 元，请帮我规划旅行预算。

（2）AIGC 工具的回复如下。

西安 7 日游预算规划（5000 元）

一、交通费用

1. 从成都到西安
- 飞机：飞行时间约 1 小时 50 分钟至 2 小时，票价根据季节和预订时间有所不同，但通常较为合理。
- 高速动车：行程时间约 3 小时至 4 小时，票价在 255 元至 263 元之间。
- 预算：考虑到时间和舒适度，推荐选择高速动车。往返动车票约 530 元/人。

2. 西安市内交通
- 地铁、公交和打车：预计每天市内交通费用约 50 元/人，7 天总计 350 元。

二、住宿费用

1. 住宿选择
- 市中心区域：交通便利，购物、餐饮设施齐全。推荐坤逸时光酒店（西安西京医院通化门地铁站店）或菲林酒店（西安钟鼓楼回民街店），价格适中，设施齐全。
- 南门古城区域：历史氛围浓厚，推荐忆宿民宿（西安钟楼店），地理位置优越。
- 大雁塔区域：环境优美，文化氛围浓厚，推荐一夕·知更民宿（西安大雁塔小寨店）。

2. 预算
- 假设选择中等价位的酒店或民宿，每晚预算约 200 元/人，7 晚总计 1400 元。

……

总结
- 总预算：交通费用 880 元＋住宿费用 1400 元＋餐饮费用 1300 元＋景点门票及娱乐活动费用 800 元＋其他费用 120 元＝4500 元。
- 预留余额：5000 元－4500 元＝500 元，作为额外开销或应急使用。

以上预算规划仅供参考，具体费用可能会因个人消费习惯和实际情况而有所不同。建议提前预订交通和住宿，以获取更优惠的价格。同时，关注当地的美食和娱乐活动，让你的西安之旅更加丰富多彩。

▶▶▶ 9.1.4　美食与购物推荐

当旅行至一个新的地点时，品尝当地美食和选购纪念品是不可错过的体验。使用 AIGC 工具可以为用户推荐当地最地道的美食和特色纪念品。

使用 AIGC 工具进行美食与购物推荐的提示词参考结构如下。

请推荐一些【地点】的美食与购物信息，包括特色美食、热门商品以及购物地点等。

【案例 9-4】西安美食与购物推荐

方婷婷在西安旅游期间，希望品尝地道的当地美食，并选购一些特色纪念品带回家。为更好地实现这一愿望，她决定借助 AIGC 工具来获取个性化的美食与纪念品推荐。

西安美食与购物推荐

（1）在 AIGC 工具中输入以下提示词。

请推荐一些西安的美食与购物信息，包括特色美食、热门商品以及购物地点等。

（2）AIGC 工具的回复如下。

以下是我为您推荐的西安美食与购物信息，包括特色美食、热门商品以及购物地点，旨在充分展示西安的饮食文化和购物特色。

特色美食推荐

西安作为一座历史悠久的古都，其美食文化同样丰富多彩。以下是几种具有代表性的西安特色美食。

1. 肉夹馍
- 介绍：肉夹馍是西安乃至陕西地区的标志性小吃之一，以独特的口感和风味而闻名全国。其主要食材包括白吉馍和腊汁肉，白吉馍外酥里嫩，腊汁肉肥瘦相间，香气四溢，两者完美结合，让人回味无穷。
- 推荐理由：肉夹馍不仅口感丰富，而且营养均衡，是品尝西安美食的不二之选。
2. 羊肉泡馍
- 介绍：羊肉泡馍古称"羊羹"，是关中汉族风味饭食，源自西周。其烹制精细，料重味醇，肉烂汤浓，肥而不腻，营养丰富，香气四溢。
- 推荐理由：羊肉泡馍是陕西名吃的"总代表"，是来西安必尝的美食之一。

......

热门商品推荐

西安作为一座旅游城市，其热门商品同样丰富多彩，以下是一些具有代表性的西安特色商品。

1. 仿秦兵马俑
- 介绍：作为西安的历史文物，秦兵马俑以精细的雕刻工艺和生动的姿态赢得了全世界的赞誉，而仿秦兵马俑则以其精致的制作工艺和与真品相似的外观成为众多游客喜爱的纪念品之一。
- 推荐理由：小巧的仿秦兵马俑摆件，既能展示西安的历史文化，又具有很高的收藏价值。
2. 西安特产枸杞
- 介绍：西安的枸杞享誉全国，富含营养。
- 推荐理由：带上一袋回家，不仅可以当零食，还能泡水喝，是养生的好选择。

......

购物地点推荐

西安的购物地点同样选择众多，以下是一些具有代表性的购物地点。

1. 回民街
- 介绍：回民街是西安著名的美食和购物街区，这里汇集了各式各样的小吃、工艺品等。
- 推荐理由：在回民街，不仅可以品尝到地道的西安美食，还可以购买到各种具有西安特色的工艺品。
2. 书院门文化街
- 介绍：书院门文化街主要销售文房四宝、字画等各种旅游纪念品。
- 推荐理由：这里充满了浓郁的文化氛围，是购买文化纪念品和手工艺品的绝佳地点。

......

综上所述，西安的美食和购物选择丰富多样，无论是品尝地道美食还是购买特色商品，都能让人充分感受到这座城市的独特魅力。

更多旅行规划提示词如下。

- 旅行时间建议：我打算在未来几个月内去西藏旅游，请分析不同月份的天气、节日和活动，为我推荐合适的旅行时间。

多学一招

- 住宿选择与预订建议：我计划在成都停留期间体验当地民宿，请推荐一些性价比高、位置便利且具有当地特色的民宿，并提供预订建议。

- 交通方式与路线规划：我想从上海前往云南丽江旅行，请比较不同交通方式（如飞机、火车、自驾）的优劣，并为我规划一条既经济又便捷的路线。

- 旅行必备物品清单：我即将前往海边度假，请为我列出一份旅行必备物品清单，包括防晒用品、泳装、沙滩装备等。

除了可以使用文心一言等 AI 大模型生成旅行规划外，还有很多应用软件也集成了类似的 AI 功能，如百度地图提供的智能助手"小度"，它可以为用户提供天气、旅游推荐、出行情况等信息，如图 9-1 所示。

多学一招

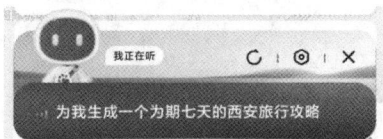

图 9-1　百度地图提供的智能助手"小度"

9.2　AI 餐饮规划

在当今快节奏的生活中，餐饮已经超越满足口腹之欲的范畴，更多关联着与人们的健康意识、个性化需求与生活效率的提升息息相关。随着 AI 技术的飞速发展，AIGC 工具可以为用户推荐合理的菜单，提供私人定制餐饮菜单的服务。

▶▶▶ 9.2.1　根据个人口味定制菜单

使用 AIGC 工具可以根据个人口味定制菜单。比如，如果用户偏爱川菜的麻辣口感，AIGC 工具会设计一份包含麻婆豆腐、水煮鱼等经典菜肴的菜单；而对于喜欢清淡口味的用户，AIGC 工具则会推荐清蒸鲈鱼、素炒时蔬等清淡菜品。

根据个人口味定制菜单的提示词参考结构如下。

我是地道的【地点】人，对【口味】情有独钟。请为我定制一份既能满足个人口味偏好，又能确保饮食健康的【早餐、午餐、晚餐】菜单。

【案例 9-5】定制一家三口午餐菜单

黄燕萍一家是地道的四川人，对麻辣口味情有独钟。周末来临，她打算为一家三口精心准备一顿既丰富又营养的午餐。为满足家人的口味偏好，又确保饮食健康，黄燕萍决定借助 AIGC 工具来定制一份个性化菜单。

定制一家三口
午餐菜单

（1）在 AIGC 工具中输入以下提示词。

我们一家三口是地道的四川人，对麻辣口味情有独钟。请定制一份既能满足我们一家三

口口味偏好，又能确保饮食健康的午餐菜单。

（2）AIGC工具的回复如下。

考虑到你们一家三口是地道的四川人，且偏爱麻辣口味，同时注重饮食健康，我为您们精心定制了以下这份既符合四川麻辣特色，又兼顾营养均衡的午餐菜单。

麻辣健康午餐菜单

主菜

- 麻婆豆腐（改良健康版）
    - 选用低脂豆腐，搭配特制麻辣酱料（减少油量和盐量），加入大量新鲜蒜末和青蒜提升风味，既保留了经典的麻辣味道，又降低了油脂和盐分的摄入。
- 清蒸鲈鱼配麻辣蘸料
    - 鲈鱼富含优质蛋白，清蒸可保留其鲜美，搭配自制麻辣蘸料（用辣椒粉、花椒油、酱油、醋等调制而成，注意适量添加），既满足麻辣口感，又健康低脂。

配菜

- 手撕包菜炒木耳
    - 包菜富含维生素C，木耳则富含膳食纤维和铁质，将两者结合，用少量橄榄油快炒，加入少许蒜末和干辣椒提味，既清爽又健康。
- 凉拌黄瓜豆腐皮
    - 黄瓜清热解暑，豆腐皮富含植物蛋白，用麻酱、醋、蒜末、辣椒油等调料凉拌黄瓜和豆腐皮，酸辣可口，开胃解腻。

汤品

- 番茄鸡蛋汤
    - 选用新鲜番茄熬煮，加入鸡蛋增加蛋白质，汤色鲜艳，口感酸甜适中，既能平衡麻辣口味，又能补充水份，适合夏季饮用。

主食

- 糙米杂粮饭
    - 用糙米、燕麦、红豆等杂粮混合煮制，富含膳食纤维和多种微量元素，比白米饭更健康，也更能增加饱腹感。

饮品推荐

- 自制柠檬蜂蜜水
    - 新鲜柠檬切片，加入蜂蜜和凉开水，既解渴又补充维生素C，还能帮助消化。

这份菜单既保留了四川麻辣口味的特色，又注重了食材的多样性和营养的均衡，相信能满足你一家三口的口味偏好和健康需求。希望你能享受这顿美味又健康的午餐！

▶▶▶ 9.2.2　学习菜品的制作过程

除了提供个性化的菜单定制服务，AIGC工具还具备强大的教学功能，能够帮助用户学习并掌握菜品的制作过程。

学习菜品的制作过程的提示词参考结构如下。

请提供【菜品】的详细做法，包括所需的食材、调料，以及烹饪步骤和技巧等。确保做法详细、清晰，并适合家庭厨房制作。

学习麻婆豆腐的
制作过程

【案例9-6】学习麻婆豆腐的制作过程

黄燕萍想学习制作麻婆豆腐，她决定使用AIGC工具来获得麻婆豆腐的详细制作过程。

（1）在 AIGC 工具中输入以下提示词。

请提供麻婆豆腐的详细做法，包括所需的食材、调料，以及烹饪步骤和技巧等。确保做法详细、清晰，并适合家庭厨房制作。

（2）AIGC 工具的回复如下。

麻婆豆腐是四川的经典名菜，以麻辣鲜香、口感嫩滑的特点而著称。以下是一份详细且适合家庭厨房制作的麻婆豆腐做法，包括所需食材、调料、烹饪步骤和烹饪技巧。

所需食材

- 主食材：嫩豆腐 1 块（约 300 克），牛肉末或猪肉末 100 克（可根据个人口味选择）。
- 调料：郫县豆瓣酱 2 汤匙，花椒粉 1/2 茶匙，姜末 1 茶匙，大葱末 1 汤匙，蒜末 1 茶匙，生抽 1 汤匙，老抽 1/2 茶匙（可选），糖 1/2 茶匙，水或高汤半杯，水淀粉 2 汤匙（玉米淀粉和水的混合物），盐适量，辣椒粉或干辣椒适量（根据口味调整）。

烹饪步骤

1. 准备食材：将豆腐切成约 2 厘米见方的小块，放入加了少许盐的沸水中焯烫 1~2 分钟，去除豆腥味，然后捞出用冷水浸泡备用。准备好牛肉末或猪肉末，大葱、姜、蒜切末备用。

2. 炒肉末：热锅凉油，油热后下入肉末，用中火煸炒至变色并略微酥香，然后盛出备用。

3. 炒调料：在锅中留底油，下入姜末、大葱末、蒜末炒香，然后加入郫县豆瓣酱，小火炒出红油。如果喜欢更辣的味道，可以加入适量的辣椒粉或干辣椒段一同翻炒。

4. 调味煮制：在锅中加入生抽、老抽（如果使用）、糖、水或高汤，煮开后放入焯好的豆腐块。轻轻晃动锅，使豆腐均匀分布在汤汁中。转中小火，盖上锅盖焖煮 3~5 分钟，让豆腐充分吸收汤汁。

5. 勾芡收汁：待锅中汤汁快干时，用水淀粉分两次勾芡。第一次勾芡后，轻轻翻动豆腐，使汤汁略微浓稠。第二次勾芡后，再次翻动豆腐，直至汤汁变得浓稠且油亮。

6. 出锅装盘：最后，撒上花椒粉和葱花（可选），轻轻翻拌均匀即可出锅装盘。如果喜欢更麻的口感，还可以在装盘后额外撒上一些花椒粉。

烹饪技巧

1. 豆腐处理：豆腐切块后焯水可以去除豆腥味，同时使豆腐在后续的烹饪过程中不易破碎。焯水时加入少许盐可以使豆腐更加紧实。

2. 炒豆瓣酱：炒豆瓣酱时一定要用小火，避免炒糊产生苦味。炒出红油后再加入其他调料，这样可以使菜肴的颜色更加红亮诱人。

3. 勾芡技巧：勾芡要分两次进行，这样可以更好地控制汤汁的浓稠度。第一次勾芡后轻轻翻动豆腐，使汤汁略微浓稠；第二次勾芡后再翻动一次，直至汤汁变得浓稠且油亮。

4. 火候掌握：在煮制豆腐的过程中要保持中小火，避免火力过大导致豆腐破碎或汤汁干涸。同时要注意翻动豆腐的动作要轻柔，避免豆腐破碎。

按照以上步骤和技巧制作的麻婆豆腐麻辣鲜香、口感嫩滑且营养丰富，非常适合家庭厨房制作。快享受烹饪的乐趣吧！

▶▶▶ 9.2.3 营养均衡的饮食建议

健康是餐饮规划不可忽视的一环。而 AIGC 工具会根据用户的年龄、性别、体重以及日常活动量，计算出用户所需的热量和营养素比例，并据此调整菜单，确保用户的饮食既美味又均衡。

获得营养均衡的饮食建议的提示词参考结构如下。

我【基本情况】，希望【需求】，请为我提供营养均衡的饮食建议。

【案例9-7】1个月内减重10斤的营养均衡的饮食建议

黄霄，一位49岁的男性，由于体重严重超标，希望能在1个月内安全且健康地减重10斤。为实现这一目标，并确保减重过程中营养摄入的均衡与合理，他决定让AIGC工具为他提供一份营养均衡的饮食建议。

（1）在AIGC工具中输入以下提示词。

> 我今年49岁，男性，体重严重超标，希望在1个月内减重10斤，请为我提供营养均衡的饮食建议。

1个月内减重10斤的营养均衡的饮食建议

（2）AIGC工具的回复如下。

针对您希望在1个月内减重10斤的需求，我为您提供了一份营养均衡的饮食建议。请注意，健康减肥应注重长期效果和可持续性，避免采用极端或快速的减重方法，以免对身体造成不良影响。以下建议结合了健康网站中的信息和营养学原理，旨在帮助您以健康的方式实现减重目标。

一、总体原则

- 控制总热量摄入：每日热量摄入应适当减少，建议每天减少500～750千卡，以实现每周减重0.5～1千克的目标。
- 均衡营养：确保饮食中包含足够的蛋白质、碳水化合物、脂肪、维生素和矿物质。
- 定时定量：遵循三餐原则，定时定量进餐，避免吃过多的零食和夜宵。

二、具体建议

早餐

- 碳水化合物：选择全麦面包、燕麦片或杂粮粥等低GI（Glycemic Index，血糖生成指数）食物，以提供持久能量。
- 蛋白质：摄入鸡蛋、低脂奶制品或豆腐等，有助于维持饱腹感和肌肉健康。
- 蔬果：加入一份水果（如苹果、香蕉）和适量蔬菜（如番茄、菠菜），以提供维生素和纤维。

……

四、运动建议

结合适当的运动可以加速减肥进程。建议进行有氧运动（如快走、慢跑、游泳）和力量训练，每周至少需要150分钟的中等强度有氧运动，以及两次以上的力量训练。

请记住，减肥是一个渐进的过程，需要耐心和坚持。在实施上述饮食建议的同时，建议咨询医生或营养师，以确保减肥计划的安全性和有效性。同时，保持良好的心态和积极的生活习惯也是成功减肥的关键。

更多餐饮规划提示词如下。

- 节日特色菜谱推荐：请推荐一些适合特定节日（如春节、端午节、中秋节等）的特色菜谱，包括主菜、配菜和甜点，以满足节日聚餐的需求。
- 地域风味探索：我想尝试不同地域的风味菜肴，请推荐一些具有代表性的地方菜系，如粤菜、苏菜、浙菜等，并简要介绍其特色。

多学一招

- 儿童健康餐食规划：我家有3岁和5岁的孩子，请为他们规划一份健康、营养、易消化的餐食计划，包括早餐、午餐、晚餐和零食建议。
- 季节性食材利用：请根据当前季节推荐一些应季食材，并设计一份以这些食材为主的菜单，要求食材既新鲜又健康。
- 节日聚餐食谱规划：我们家计划举办一次家庭聚餐，预计有10人参加，请为我们规划一份适合多人分享的食谱，包括主菜、配菜、汤品和甜点。

9.3　AI 影视推荐

在这个拥有海量信息的时代，寻找符合个人喜好的电影或电视剧往往是一项挑战。而 AIGC 工具可以根据用户的偏好进行精准的影片推荐，还能及时提醒用户新片上映和为用户查询热门影片动态。此外，AIGC 工具还能提供详尽的影片简介与评论，使得观影选择过程变得轻松便捷。

▶▶▶ 9.3.1　个性化影片推荐

AIGC 工具可以根据用户的偏好进行精准的影片推荐，并能够从电影的主题、情节、演员表现等多个方面给出推荐理由。

个性化影片推荐的提示词参考结构如下。

> 我非常喜欢【影片类型】，请为我推荐一些相关的影视作品，并从主题、情节、演员表现等方面简要说明推荐理由。

【案例 9-8】科幻电影推荐

黄霄是科幻电影爱好者，他喜欢那些充满想象与未知的世界。为更好地满足自己的观影需求，他决定让 AIGC 工具根据自己的喜好推荐几部科幻佳作。

（1）在 AIGC 工具中输入以下提示词。

> 我非常喜欢科幻电影，请为我推荐一些相关的影视作品，并从主题、情节、演员表现等方面简要说明推荐理由。

（2）AIGC 工具的回复如下。

> 基于你对科幻电影的喜爱，我为你推荐以下几部经典的科幻影视作品，并简要说明推荐理由。
>
> 1.《星际穿越》
> - 主题：探索未知宇宙，展现亲情与牺牲的力量。
> - 情节：电影讲述了探险家利用新发现的虫洞，跨越星际进行太空任务，寻找人类新家园的故事。导演诺兰的非线性叙事手法将观众带入了一个满是奇迹的宇宙，时间膨胀、五维空间等概念让人惊叹。同时，电影也深入探讨了亲情和牺牲的分量。
> - 演员表现：演员们的表演真挚动人，特别是主角库珀的形象深入人心。
> 2.《银翼杀手》
> - 主题：探讨人类与仿生人之间的界限，以及"真实"的定义。
> - 情节：在霓虹闪烁、雨雾蒙蒙的洛杉矶，主角展开了一场追猎仿生人的行动。这不仅仅是对仿生人的追捕，更是对"自己是谁"的深度挖掘。
> - 演员表现：演员们的表演细腻且富有层次，成功地塑造了复杂而深刻的角色形象。
> ……
>
> 这些科幻影视作品不仅具有极高的观赏价值，还蕴含着深刻的主题和思想。希望你能从中找到自己喜欢的作品，享受科幻电影带来的视觉盛宴和思考的乐趣。

▶▶▶ 9.3.2　新片上映与热门影片推荐

除了个性化推荐，AIGC 工具还能让用户紧跟影视潮流，降低错过一部值得观看的新片或热门影片的可能性。

新片上映与热门影片推荐的提示词参考结构如下。

> 请推荐一些新上映的影片，并按照热门程度进行排序。

【案例9-9】新片上映与热门影片推荐

这个周末，黄霄计划前往电影院观看电影，他希望了解有哪些新上映的影片值得观看。为获取精准的影片推荐，黄霄决定利用 AIGC 工具来获取相关信息。

（1）在 AIGC 工具中输入以下提示词。

> 请推荐一些新上映的影片，并按照热门程度进行排序。

（2）AIGC 工具的回复如下。

> 以下是根据热门程度排序的一些新上映的影片推荐。
>
> 1.《胜券在握》
> 类型：剧情。
> 热门程度：猫眼评分9.3分。
> 主演：刘循子墨、邓超等。
> 简介：该片汇聚了众多实力派演员，以精彩的剧情和深刻的主题赢得了观众的高度评价。
> 2.《焚城》
> 类型：灾难/剧情。
> 热门程度：猫眼评分9.1分。
> 主演：刘德华、白宇等。
> 简介：该片讲述了在一场突如其来的灾难中，危机管理专家与消防队长等人试图拯救城市的故事，极具现实意义。
> ……
> 这些影片在近期备受关注，你可以根据自己的喜好选择观看。

新片上映与热门
影片推荐

▶▶▶ 9.3.3 影片简介与评价

在决定观看一部电影之前，了解影片的大致内容和获取他人的评价是十分重要的。这时，AIGC 工具能为用户带来极大的便利。通过 AIGC 工具，用户可以轻松获取影片的简介与评论，从而快速判断影片是否符合自己的喜好。

获取影片简介与评论的提示词参考结构如下。

> 请简要介绍一下电影【电影名称】的剧情，并进行客观的评价。

【案例9-10】电影《抓娃娃》的简介与评价

黄霄对电影《抓娃娃》产生了浓厚的兴趣，为判断这部影片是否符合自己的喜好，他希望了解一下影片的简要内容及他人对影片的评价。因此，他决定借助 AIGC 工具来获取相关信息，以便做出更加明智的观影选择。

电影《抓娃娃》
的简介与评价

（1）在 AIGC 工具中输入以下提示词。

> 请简要介绍一下电影《抓娃娃》的剧情，并进行客观的评价。

（2）AIGC 工具的回复如下。

> 电影《抓娃娃》是由闫非、彭大魔执导，沈腾、马丽主演的一部喜剧电影，以下是对该电影的剧情介绍及评价。
>
> 剧情介绍
> 电影《抓娃娃》的故事发生在虚构的西虹市，讲述了超级富豪马成钢（沈腾饰）与第

二任妻子春兰（马丽饰）如何以反向养娃的方式，培养二儿子马继业（史彭元饰）成为家族接班人的故事。马成钢为了避免儿子沉溺于奢华生活，失去奋斗的动力，选择隐藏真实财富，假装贫困，通过"吃苦耐劳、言传身教"的方式来教育儿子。然而，随着马继业的成长，他逐渐发现了父母的计划，并开始反抗，因为他想过属于自己的生活。

评价

1. 剧情设定：电影《抓娃娃》的剧情设定新颖独特，通过反向养娃的方式揭示了当代教育中存在的种种问题，如家长对孩子的过度期望与控制、对孩子个性和兴趣的忽视等。这种设定不仅为影片增添了浓厚的荒诞色彩，也引发了观众对于教育方式的深刻思考。

2. 演员表现：沈腾和马丽作为开心麻花的黄金搭档，再次展现了他们出色的演技。两人在影片中默契配合，将角色的复杂性和矛盾性表现得淋漓尽致。沈腾饰演的马成钢既是一个严父，又是一个充满矛盾与挣扎的普通人；马丽饰演的春兰看似强势，但也有着对家庭的深深依赖。他们的表演让观众在笑声中感受到了角色的内心世界。

……

综上所述，电影《抓娃娃》以其独特的剧情设定、出色的演员表现、细腻的细节处理以及对社会议题的深刻探讨赢得了观众的喜爱和认可。

更多影视推荐提示词如下。

- 相似影片推荐：我最近看了一部《×××》电影/电视剧，非常喜欢，请推荐一些与它在风格、主题或情节上相似的作品。

- 获奖影片推荐：请推荐一些在各大电影节（如奥斯卡、戛纳、柏林等）上获奖或获得提名的影视作品，特别是那些获得最佳影片、最佳导演等大奖的作品。

多学一招

- 家庭观影推荐：请推荐一些适合全家一起观看的影视作品，要求内容健康、积极向上，能够增进家庭成员之间的情感交流。

- 根据图书改编推荐：我喜欢根据图书改编的影视作品，请推荐一些忠实于原著、改编成功的作品，特别是那些经典文学作品的改编版影视作品。

- 音乐/歌舞片推荐：我对音乐和歌舞很感兴趣，请推荐一些以音乐或歌舞为主题或元素的影视作品，如音乐剧、歌舞片等。

9.4 综合实践

本章核心内容聚焦于 AIGC 在个人生活领域的广泛应用，包括 AI 旅行规划、AI 餐饮规划、AI 影视推荐等方面。接下来，将通过使用 AIGC 工具规划家庭周末活动这个案例来展示 AIGC 在丰富个人生活方面的具体应用。这个案例将引导读者在实际体验中轻松掌握并深化本章的知识点，进而在追求个性化生活的道路上更加游刃有余。

使用 AIGC 工具规划
家庭周末活动

▶▶▶ 9.4.1 实践背景

为了给妻子和两个孩子安排一个既丰富又有趣的周末，曹灿精心策划了一系列活动。他巧妙地利用 AIGC 工具，分别完成了出游规划、餐饮安排以及观影选择，确保这个周末既充实又欢乐。

▶▶▶ 9.4.2　实践思路

首先，利用 AIGC 工具搜寻一个距离适中、风景秀丽，并且适合亲子户外活动的地点，作为全家出游的目的地。然后，为确保外出游玩时也能享受到健康美味、符合孩子口味的午餐，使用 AIGC 工具寻找一家合适的餐厅。最后，为了给这个周末画上完美的句号，使用 AIGC 工具寻找一家电影院，并选择一部适合全家共同观看的电影。图 9-2 所示为整个实践的操作思路。

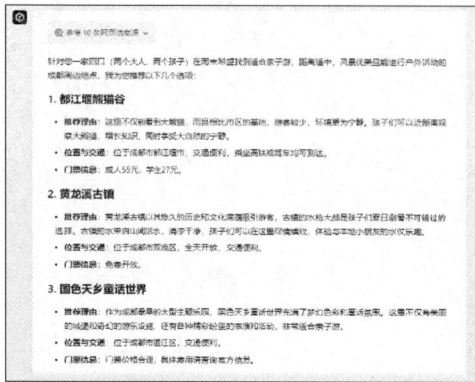

1. 使用AIGC工具寻找户外活动的地点
平台：文心一言。
提示词：这个周末，我们一家四口（两个大人，两个孩子）希望在成都周边找一个适合亲子游、距离适中、风景优美且能进行户外活动的地点。

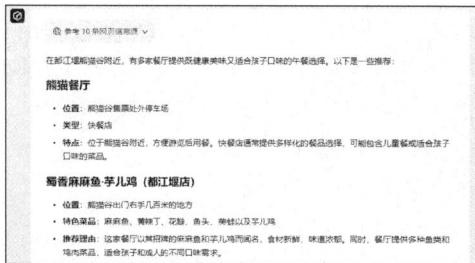

2. 使用AIGC工具寻找餐厅
平台：文心一言。
提示词：在都江堰熊猫谷附近找一家餐厅，可以享用既健康美味又适合孩子口味的午餐。

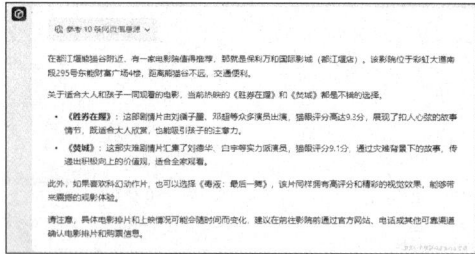

3. 使用AIGC工具寻找电影院并推荐一部电影
平台：文心一言。
提示词：在都江堰熊猫谷附近找一家电影院，并推荐一部适合大人和孩子一同观看的电影。

图 9-2　操作思路

9.5　课后习题

1. 填空题

（1）AIGC 工具在设计行程方面，可以根据用户的_____、_____、_____及_____，生成一份详尽的_____。

（2）在 AI 餐饮规划中，AIGC 工具可以根据_____定制菜单，还可以提供菜品的_____。

（3）AIGC 工具在影视推荐方面，不仅可以提供_____影片推荐，还能及时提醒用户_____和为用户提供热门影片动态。

2. 单选题

（1）使用 AIGC 工具进行旅行规划时，（　　）不是必须提供的信息。

A. 出发地
B. 目的地
C. 个人信息
D. 旅行时间

（2）（　　）不是 AIGC 工具在旅行预算规划中可以提供的服务。

A. 交通费用建议
B. 住宿费用建议
C. 旅行保险购买
D. 餐饮费用建议

（3）AIGC 工具在影视推荐方面，不能提供（　　）服务。

A. 个性化影片推荐
B. 新片上映提醒
C. 影片下载链接获取
D. 影片简介与评价

3. 操作题

张春波对旅游和电影都有极大的兴趣，他梦想着能够亲自踏足那些经典电影中的实景拍摄地，亲身体验电影与现实交织的奇妙感受。为帮助他实现这一愿望，请使用 AIGC 工具挑选几部影片及其对应的拍摄景点，让他的旅行计划更加丰富且充满故事性，参考效果如图 9-3 所示。

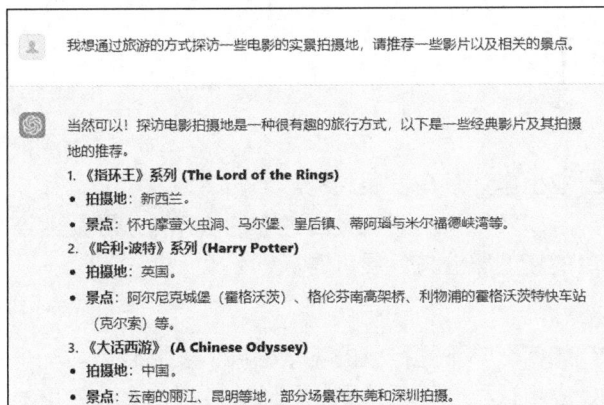

图 9-3　参考效果

第 10 章
AIGC 未来展望与挑战

随着 AI 技术的快速发展，AIGC 逐渐走向现实应用，深刻改变着内容创作、传播与消费的每一个环节。然而，这一新兴技术的广泛应用也伴随诸多未知与挑战。本章将深入探讨 AIGC 的产业生态与发展趋势、AIGC 的风险与职业道德，以及 AIGC 催生的新型职业与发展机遇等内容。

【学习目标】

知识目标
- 认识 AIGC 的产业生态体系与发展趋势。
- 熟悉 AIGC 的风险以及相关从业人员应遵守的法律法规和职业道德。
- 认识 AIGC 催生的新型职业与发展机遇。

能力目标
- 能够分析 AIGC 如何影响不同行业的竞争格局和发展趋势。
- 能够识别 AIGC 应用过程中可能遇到的风险，并提出有效的应对措施。
- 能够在 AIGC 内容的创作与传播过程中，自觉遵守职业道德规范。

10.1 AIGC 的产业生态与发展趋势

随着 AIGC 的不断进步及其应用场景的日益拓宽，AIGC 行业正迎来快速发展的黄金时期。AIGC 不仅改变了内容创作的方式，还推动多个行业的数字化转型和智能化升级。

10.1.1 AIGC 的产业生态体系

AIGC 的产业生态体系是一个多层次、跨领域的综合性复杂系统，涵盖内容生成的全方位要素。目前，该体系已初步成型并日趋完善，可明确划分为基础层、中间层和应用层 3 个层次，如图 10-1 所示。

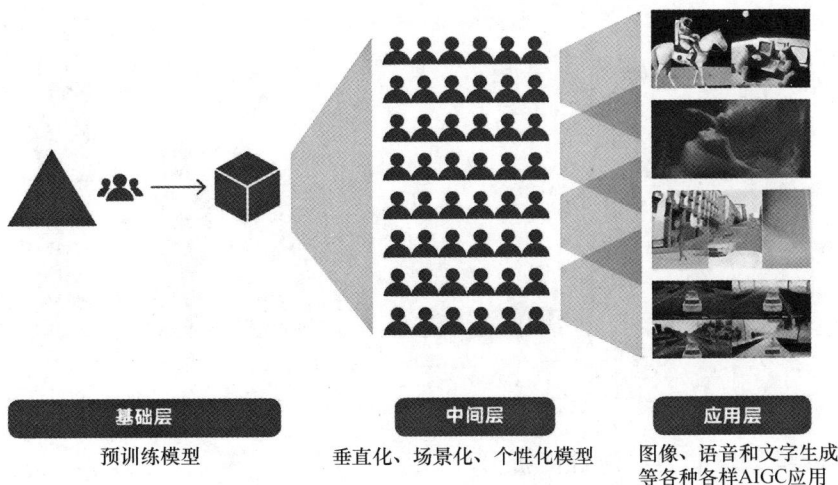

图 10-1　AIGC 的产业生态体系

1. 基础层

基础层作为整个 AIGC 产业生态体系的基石，整合了人工智能、大数据、云计算、机器学习等一系列核心技术，为整个生态系统提供强大的计算能力、存储支持及算法基础。这一层的技术进步直接决定了上层应用的可能性与边界，是推动 AIGC 产业发展的核心驱动力。

2. 中间层

中间层作为连接基础层和应用层的桥梁，主要包括平台服务、算法模型开发与优化、数据处理与分析等关键环节。这一层不仅负责将底层技术转化为可应用于实际场景的工具与平台，还通过持续的技术迭代与创新，为上层应用提供强大的技术支持和定制化解决方案，确保内容生成的精准度与创新性。

3. 应用层

应用层作为 AIGC 的最终展现形式，涵盖了面向广大终端用户的文字创作、图像处理及音视频编辑等多元化应用。这包括但不限于媒体传播、广告营销、娱乐消费、教育培训等多个领域，AIGC 通过智能化内容生成技术，极大地丰富了信息的呈现形式，提升了内容创作的效率与质量。

▶▶▶ 10.1.2　AIGC 的发展趋势

AIGC 作为融合人工智能、机器学习、自然语言处理及计算机视觉等前沿技术的领域，正随 AI 技术的持续发展而迅猛崛起，成为科技与商业领域瞩目的焦点。据艾媒咨询发布的《2023 年中国 AIGC 行业发展研究报告》显示，中国 AIGC 核心市场规模预计将从 2023 年的 79.3 亿元激增至 2028 年的 2767.4 亿元，如图 10-2 所示。这一显著增长不仅体现了技术进步带来的市场扩张，更揭示了 AIGC 成熟与广泛应用所蕴含的诸多商业机遇。

AIGC 的发展呈现出以下 5 个鲜明趋势，这些趋势共同勾勒出了其未来的广阔蓝图。

1. 技术升级驱动应用场景拓宽

技术持续升级是 AIGC 发展的核心动力。算法优化与计算能力提升促使 AIGC 应用场景迅速扩展。在金融领域，AIGC 助力智能风控与投顾，提升服务效率与准确性；在医疗领域，AIGC 则辅助疾病诊断与药物研发，为患者提供精准治疗方案。同时，教育、物流、智能家居、智能交通等多领域也迎来 AIGC 的辅助，加速了各行业的数字化转型与智能化升级。

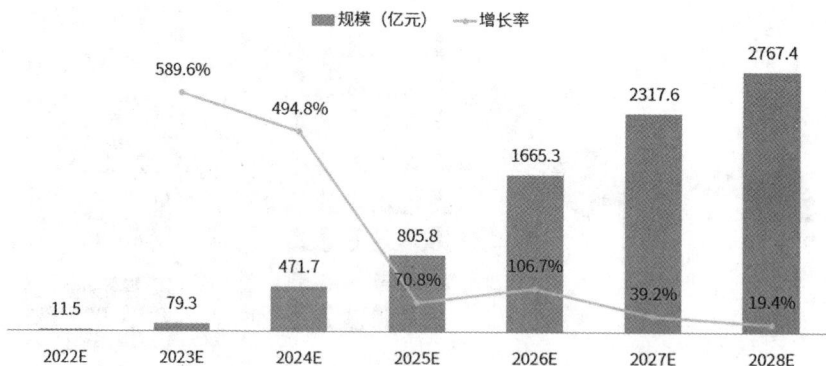

图 10-2　2022—2028 年我国 AIGC 核心市场规模的发展变化趋势

2．数据量激增助力算法性能提升

数据量的激增与数据质量的提升为 AIGC 算法提供了丰富的训练资源。互联网普及与物联网技术发展能够收集与分析海量数据，为 AIGC 算法提供了精准全面的训练信息。以社交媒体为例，用户每日产生的数量庞大的文字、图片、视频等数据，是 AIGC 宝贵的训练素材，推动其性能不断攀升。

3．应用场景创新引领发展潮流

应用场景的不断创新是 AIGC 发展的又一重要趋势。从文本生成、图像识别到语音合成、虚拟现实，AIGC 应用场景日益丰富多样，不断满足人们日益增长的需求，这预示着 AIGC 将成为商业与社会运行的关键驱动力。例如在电商领域，AIGC 应用于商品推荐与客服回复，显著提升了用户体验与购物效率。

4．数据安全与隐私保护成为必然趋势

随着 AIGC 的广泛应用，安全与隐私问题日益凸显。保障数据安全与用户隐私权益成为行业亟待解决的问题。因此，加强数据安全与隐私保护技术研究，成为 AIGC 发展的必然趋势。如今，各大企业正加大投入，研发更安全、可靠的 AIGC，以保护用户的数据安全与隐私。

5．企业布局加速 AIGC 商业化转型

当前，AIGC 与产业已步入快速发展轨道，内容生成渗透率与应用规模迅速扩大。这一庞大市场潜力吸引了众多企业关注。百度、腾讯、阿里巴巴等国内科技企业正不断加大投入，通过自主研发、合作创新等方式，加速 AIGC 的商业化转型，为行业发展注入强大动力。同时，众多国际企业也积极参与竞争，推动 AIGC 迭代升级与应用拓展。特别是 ChatGPT 等技术的出现，为 AIGC 发展带来新的突破与可能性，将进一步加速 AIGC 商业落地，推动 AIGC 产业蓬勃发展。

10.2　AIGC 的风险与职业道德

在数字化时代浪潮中，AIGC 以其独特的魅力和无限的潜力，逐步渗透到我们生活的方方面面，从艺术创作到信息传播，从教育辅导到商业决策，无一不彰显着 AIGC 强大的影响力。然而，正如任何新兴技术一样，AIGC 在带来便捷与创新的同时，也伴随一系列复杂且多变的风险。这些风险不仅考验技术的成熟度与稳定性，更对从业人员的职业道德提出了更高的要求。

>>> 10.2.1 AIGC 的风险

随着 AI 技术的不断进步与革新，信息传播和交流的生态正在经历一场深刻的变革。传统的以"人"为主体的传播模式逐渐转变为"人机共生"的新形态，AI 在信息传播链的各个环节中发挥着越来越关键的作用，从根本上重塑了人、技术和社会之间的互动关系。然而，AI 领域的迅猛发展也引发了一系列错综复杂的难题，以及在社会与伦理维度上的风险，这些难题和风险对人类的主体地位构成了前所未有的威胁。

AIGC 的兴起，无疑为内容创作领域带来了巨大的生产力提升。然而，这一技术革新是一把"双刃剑"，伴随一系列亟待解决的问题，如内容失真、信息违规、内容侵权、信息冗余以及技术伦理争议等，这些问题层出不穷，为 AIGC 的发展与推广带来了不利的影响。

1. 知识产权风险

知识产权风险尤为引人关注。AIGC 工具生成的内容，如文章、图片、音乐等，往往涉及版权问题。由于 AIGC 工具本身并不被视为著作权主体，这导致在商业化应用过程中，一旦涉及版权纠纷，责任界定将变得异常复杂。例如，某公司利用 AIGC 工具生成了一幅画作并用于商业宣传，但后来被某个作者发现该画作与自己的作品高度相似，从而引发版权争议。此外，若未经授权使用 AIGC 工具创作所需的数据和素材，同样可能引发法律纠纷，给相关方带来不必要的损失。

2. 道德与伦理挑战

由于 AIGC 工具缺乏人类的情感与道德判断能力，其生成的内容可能包含有害信息，甚至影响人类的伦理取向与价值判断。例如，某些 AIGC 工具可能生成包含暴力或歧视性言论的内容，这些内容一旦广泛传播，将对社会造成不良影响。此外，AIGC 工具的误用和滥用还可能导致虚假信息的泛滥，扰乱社会秩序，甚至危害个人和国家的安全。例如，在社交媒体上，利用 AIGC 工具生成的虚假新闻或谣言可能迅速传播，引发公众恐慌和导致社会不稳定。

3. 对就业市场的影响

尽管目前 AIGC 工具尚且无法完全替代人类高水平的艺术创作，但其快速发展已经引发大众对结构性失业的担忧。随着 AIGC 工具的普及，许多传统的内容创作岗位可能面临被替代的风险。例如，在新闻行业，AIGC 工具已经能够自动生成新闻报道的初稿，这在一定程度上减少了记者的工作量，但也可能导致部分记者岗位消失。这种结构性失业的问题不仅关乎个人的职业发展，也对整个社会的经济结构和就业市场产生了深远影响。

4. 数据、隐私与安全风险

数据处理、隐私与安全风险同样是 AIGC 技术发展中不可忽视的问题。AIGC 工具在处理海量数据时，往往涉及用户隐私的收集和使用。如果处理不当，就可能侵犯用户的隐私权。同时，随着数据量的增加，数据泄露、误用的风险也在增加。例如，某些不法分子可能利用 AIGC 系统获取用户的个人信息，并进行非法活动。此外，合成数据的使用也需要严格遵守个人信息保护的规定，以确保用户的隐私权益不受侵犯。

>>> 10.2.2 AIGC 从业人员应遵守的法律法规和职业道德

为规范 AIGC 的应用，保障用户权益和社会公共利益，我国已出台一系列相关法律法规，为 AIGC 的健康发展提供法律保障。同时，作为 AIGC 的直接应用者和推动者，AIGC 的相关从业人员也应遵守相应的职业道德，确保 AIGC 的合法、安全、可控应用。

1. AIGC从业人员应遵守的法律法规

为应对个人信息泄露、数据安全风险及AIGC带来的潜在风险等问题，我国已出台《中华人民共和国个人信息保护法》《中华人民共和国数据安全法》《生成式人工智能服务管理暂行办法》等法律法规，为隐私问题提供法律保障。

（1）《中华人民共和国个人信息保护法》

该法规着重于确立个人信息处理的基本原则与规范，明确个人信息处理者的义务与责任，为公民个人信息的收集、存储、使用、加工、传输、提供、公开、删除等处理活动筑起了坚实的法律防线，有效保障个人信息权益，避免个人信息被非法获取、滥用或泄露的风险。

（2）《中华人民共和国数据安全法》

该法规从数据安全的角度出发，构建全面的数据安全保护体系。它规定了数据处理活动中的数据安全义务，强化了数据全生命周期的安全管理，同时明确了监管机制和法律责任，确保数据在处理过程中能够得到有效保护，防止数据泄露、篡改或损毁，从而维护国家主权、安全和发展利益，以及公众的合法权益。

（3）《生成式人工智能服务管理暂行办法》

该办法聚焦于生成式人工智能服务的规范化管理。该办法针对生成式人工智能服务的特点，提出了具体的管理要求，包括服务提供者应当遵循的基本原则、技术伦理规范、内容审核机制、用户权益保护规定以及监督与法律责任要求等。该办法旨在促进生成式人工智能服务的健康发展，防范技术滥用带来的风险，确保技术应用的合法、安全、可控，同时保障用户的合法权益和社会公共利益。

2. AIGC从业人员应遵守的职业道德

面对AIGC所带来的风险，AIGC的相关从业人员应当遵守以下职业道德。

（1）诚信与责任

诚信与责任是AIGC从业人员不可或缺的职业操守。相关人员应确保所生成内容的真实性、准确性、客观性。以新闻行业为例，某知名新闻机构在使用AIGC工具辅助报道时，因算法偏见导致一篇报道中的关键数据出现错误，引发公众的广泛质疑和不满。这一事件不仅损害了新闻机构的公信力，也凸显出AIGC从业人员在确保内容真实性方面的重要责任。因此，AIGC从业人员必须承担起因技术使用不当而可能引发的法律和社会责任，时刻保持警惕，避免技术被用于不正当目的，如制造和传播虚假信息、侵犯他人权益等。

（2）尊重隐私与数据安全保护

尊重隐私与数据安全保护是AIGC从业人员必须遵守的职业道德规范。在处理用户数据时，AIGC从业人员应严格遵循相关法律法规，确保数据的合法收集与使用。近年来，因数据泄露导致的用户隐私被侵犯的事件频发。因此，AIGC从业人员必须加强数据安全保护，采用先进的加密技术和安全措施，防止数据泄露、篡改或滥用，确保用户的隐私安全。

（3）具备专业素养和持续学习的精神

AIGC从业人员还应具备专业素养和持续学习的精神。随着技术的不断发展和行业标准的不断更新，AIGC从业人员应不断学习和掌握新的技术和行业标准，如深度学习、自然语言处理等前沿技术，以及数据保护、版权法等相关法律法规。通过参加专业培训、研讨会等活动，提升自己的专业技能和判断力，确保在面对复杂的技术问题时又能够迅速做出正确的决策和采取恰当的应对措施。

（4）倡导和践行科技向善的理念

AIGC从业人员还应积极倡导和践行科技向善的理念。AIGC从业人员应关注技术对社会的影响，努力推动技术的正面应用，如利用 AIGC 工具辅助医疗诊断、提高教育效率等，为社会的进步和发展贡献力量。同时，AIGC 从业人员也要勇于揭露和抵制技术滥用等不当行为，如利用 AIGC 工具制造和传播恶意软件、进行网络攻击等，积极维护行业的良好形象和声誉。此外，AIGC 从业人员还应积极参与行业自律和社会公益活动，传递正能量，共同推动 AIGC 的健康发展和确保社会的和谐稳定。

10.3　AIGC 催生的新型职业与发展机遇

随着 AIGC 的不断成熟和普及，越来越多的行业开始尝试将 AIGC 工具融入日常运营中，以提升效率、降低成本并创造新的价值。在这一过程中，一系列与 AIGC 紧密相关的新型职业应运而生，它们不仅要求从业者具备传统的专业技能，更需要从业者掌握 AIGC 的核心应用，以满足市场对新型人才的需求。

▶▶▶ 10.3.1　AIGC 催生的新型职业

AIGC 催生的新型职业主要包括 AIGC 设计师、人工智能训练师、提示词工程师等。

1. AIGC 设计师

AIGC 设计师是专门研究和应用人工智能技术来生成各种形式的内容（如图像、文字、视频等）的专业人员。作为技术的实践者，AIGC 设计师需具备扎实的计算机科学和人工智能知识基础，能够灵活运用各种算法和模型进行内容创作。同时，AIGC 设计师也是艺术的创新者，需具备创新思维和艺术感知能力，以创作出既符合技术规范又具有艺术价值的内容。

2. 人工智能训练师

人工智能训练师是随着人工智能技术的广泛应用而产生的一种新兴职业，他们使用智能训练软件，在人工智能产品的实际使用过程中进行数据库管理、算法参数设置、人机交互设计、性能测试跟踪及其他辅助作业。人工智能训练师既需要拥有扎实的技术基础，又要具备良好的沟通技巧和创新的思维方式。在日常工作中，人工智能训练师专注于 AI 模型的训练与优化，负责提供丰富的训练数据，全程监控 AI 模型的学习进程，并调整模型参数以提升 AI 模型的效能。

3. 提示词工程师

提示词工程师肩负着促进人类与人工智能大型模型之间高效互动的重任。提示词工程师需要训练并指导大型模型精准理解用户的意图，确保模型的行为与用户的期望紧密相关。在这一过程中，提示词工程师不仅要深入了解用户的交流习惯与需求，还需具备高超的技能，以精细调整模型参数，使 AIGC 生成的内容更加贴合用户的真实意图，从而确保人机交互的和谐与高效。

▶▶▶ 10.3.2　个人与企业的发展机遇

AIGC 的发展不仅催生出一系列新型职业，也为个人和企业的发展带来新的机遇。

1. 个人发展机遇

AIGC 对个人带来的发展机遇主要体现在提升职场竞争力、提升薪资水平以及增强自主创业能力等 3 个方面。

（1）提升职场竞争力

掌握 AIGC 工具的使用方法将显著提升个人的职场竞争力。无论是寻求职位晋升，还是跨行业转型，AIGC 工具使用技能都能帮助个人脱颖而出。正如掌握一门外语或编程技能能够得到新的工作机会一样，学习 AIGC 工具的使用方法并将其运用到实践中，将极大地拓宽个人的职业道路。

（2）提升薪资水平

由于市场对掌握 AIGC 技能的人才有着强烈的需求，因此拥有相关技能的从业者往往能获得更高的薪资待遇。企业为吸引和留住这些稀缺人才，不惜提供丰厚的薪酬和福利，这也直接推动了 AIGC 相关行业从业者薪资水平的整体上升。通过深入学习 AIGC 技能，个人不仅能够提升自己的专业技能，还能在薪资谈判中占据更有利的地位，熟练掌握 AIGC 技能将是个人争取更高报酬的优势。

（3）增强自主创业能力

AIGC 不仅为从业者提供了广阔的发展空间，还为有志于自主创业的个人打开了新世界的大门。特别是在自媒体行业，AIGC 工具成为内容创作者的得力助手。AIGC 工具的出现，让内容创作者能够轻松生成高质量、个性化的文章、视频、图像等内容，大幅提升了创作效率和作品质量。这些独特且富有吸引力的内容，不仅能够帮助内容创作者快速积累粉丝，还能吸引广告商，从而实现商业变现。

2. 企业发展机遇

AIGC 凭借其独特的优势，逐渐成为企业转型升级的关键驱动力，有利于推动企业实现数字化转型，进而促进企业的可持续发展。AIGC 为企业带来发展机遇主要体现在以下 3 个方面。

（1）提升营销效果

在内容创作方面，企业凭借 AIGC 工具可以激发创意，提升营销效果。内容营销是现代企业推广中不可或缺的一部分，但高质量内容的持续产出往往是一大挑战。AIGC 工具的出现，为这一难题提供了新的解决方案。企业通过 AIGC 工具能够辅助生成营销文案、产品描述、创意广告脚本等，极大地丰富了企业的内容库。以电商平台为例，利用 AIGC 工具，商家可以快速生成大量个性化、高质量的产品描述和营销文案。这些文案不仅贴合消费者需求，还能根据市场趋势不断调整优化，从而显著提升产品的点击率和转化率。

（2）加速创新进程

在产品研发方面，企业凭借 AIGC 的市场洞察力，能够有效加速产品创新进程。在产品开发的早期阶段，准确理解市场需求是成功的关键。企业可以通过 AIGC 进行大数据分析，高效地从海量信息中提取消费者偏好、市场趋势等数据，为产品研发提供科学依据。例如，家电品牌可以利用 AIGC 分析消费者评论、社交媒体讨论等数据，以预测未来产品的流行趋势，指导新产品的设计和功能开发。这种基于数据的决策支持，不仅能提高产品开发的成功率，还能缩短产品上市周期，使企业能够更快地响应市场变化，抢占先机。

（3）提升运营效率

在企业内部管理方面，企业可以利用 AIGC 优化流程，提升运营效率。在企业的日常运营中，文件整理、数据分析等重复性工作占据了大量时间和人力资源。而企业通过应用 AIGC，可以自动化处理这些工作，以显著提高工作效率。以金融科技公司为例，引入 AIGC 后，提升了财务报告的生成速度，降低了错误率，财务管理变得更加精准、高效。同时，AIGC 还能辅助进行风险评估、合规审查等复杂任务，减轻人工负担，确保企业运营的稳定性。此外，通过智能分析业务数据，AIGC 还能为企业提供运营优化建议，如库存管理优化、供应链优化等，进一步降低成本，提升盈利能力。

10.4 综合实践

本章核心内容着眼于 AIGC 的未来展望与挑战，着重阐述了 AIGC 的产业生态体系与发展趋势、AIGC 潜在的风险与 AIGC 相关从业人员应遵守的职业道德，以及 AIGC 所催生的一系列新型职业与发展机遇。接下来，将通过 AIGC 对未来职场的影响这一案例，探索 AIGC 在塑造未来职场格局方面的深远影响。

AIGC 对未来职场
的影响

▶▶▶ 10.4.1 实践背景

唐雪燕是一名信息技术专业的学生，当下即将毕业。她深刻意识到，随着科技的飞速发展，AIGC 正悄然渗透进各行各业中，其影响力与日俱增。为更好地适应未来职场的变革，把握技术发展的脉搏，唐雪燕下定决心，要通过多种途径全面且深入地探索 AIGC 将如何重塑职场格局，以及这一技术对个人职业规划的潜在影响。

▶▶▶ 10.4.2 实践思路

首先，利用搜索引擎在互联网上广泛搜集并仔细阅读关于 AIGC 的文章和研究报告，以构建对这项技术的基本认知。然后，浏览各大招聘网站，仔细分析用人单位对于 AIGC 相关职位的具体技能要求，从而明确职场对这类人才的实际需求。接着，报名参加一系列高质量的 AIGC 在线课程，通过系统化的学习来提升自己的专业技能。最后，使用各种 AIGC 工具进行实践操作，将所学知识转化为实际能力，并在实践中发现问题、解决问题，从而养成更强的创新思维和问题解决能力。图 10-3 所示为操作思路。

① 使用搜索引擎搜索并阅读相关文章　　② 了解用人单位对于 AIGC 相关职位的具体技能要求

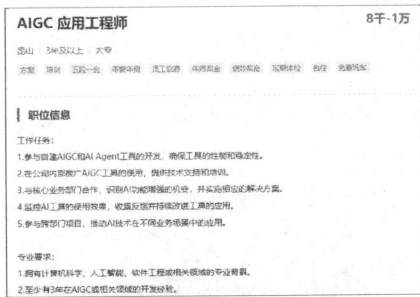

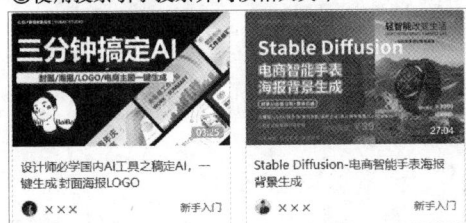

③ 参加 AIGC 在线课程　　④ 使用 AIGC 工具进行实践操作

图 10-3　操作思路

10.5 课后习题

1. 填空题

（1）AIGC 的产业生态体系清晰地分为_____、_____和_____。

（2）随着 AIGC 的普及，许多传统的内容创作岗位可能面临被_____的风险。

（3）AIGC 所带来的风险中，_____风险尤为引人关注。

（4）AIGC 从业人员应确保所生成内容的_____、_____和_____。

（5）AIGC 设计师需要具备扎实的_____和_____，能够灵活运用各种算法和模型进行内容创作。

（6）为了规范 AIGC 技术的应用，我国已出台_____、_____和_____等法律法规。

（7）AIGC 催生的新型职业主要包括_____、_____和_____等。

2. 单选题

（1）AIGC 技术的产业生态体系中，（　　　　）是整个产业生态体系的基石。

A. 应用层 　　　　　　　　　B. 中间层

C. 基础层 　　　　　　　　　D. 数据层

（2）（　　　　）不是 AIGC 技术的发展趋势。

A. 技术的持续升级 　　　　　B. 数据量的激增与数据质量的提升

C. 应用场景的不断创新 　　　D. 传统行业的固守

（3）AIGC 面临的风险中，（　　　　）可能导致虚假信息的泛滥，扰乱社会秩序。

A. 知识产权风险 　　　　　　B. 道德与伦理挑战

C. 数据处理风险 　　　　　　D. 技术稳定性风险

（4）AIGC 的中间层主要负责（　　　　）。

A. 提供计算能力、存储支持及算法基础

B. 将底层技术转化为可应用于实际场景的工具与平台

C. 面向广大终端用户进行内容创作

D. 数据收集与处理

（5）AIGC 设计师在创作过程中，需要融合的技能包括（　　　　）。

A. 仅计算机科学和人工智能知识

B. 仅创新思维和艺术感知

C. 计算机科学、人工智能知识与创新思维、艺术感知

D. 市场营销和广告设计

（6）（　　　　）不是 AIGC 为企业带来的发展机遇。

A. 提升营销效果 　　　　　　B. 加速创新进程

C. 提高运营效率 　　　　　　D. 增加运营成本